高职高专"十二五"规划教材

单片机入门与应用

主　编　伍水梅
副主编　陈瑞芝　陈大浪

北　京
冶金工业出版社
2015

内 容 提 要

全书共有 10 个项目,主要内容包括:认识单片机、单片机软件安装及使用、最简单的亮灯应用、LED 闪光灯的制作、流水灯的制作、花样灯的制作、LED 数码管静态显示制作、数码管动态显示制作、POV 趣味制作、十字路口交通灯的控制。内容由浅入深,循序渐进,图文并茂,可激发读者学习单片机的兴趣。

本书可供中、高技能学校电气自动化、工业机器人、机电一体化等专业的师生参考使用,也可供相关爱好者参考。

图书在版编目(CIP)数据

单片机入门与应用/伍水梅主编 . —北京:冶金工业出版社,2015.8

高职高专"十二五"规划教材

ISBN 978-7-5024-7024-1

Ⅰ. ①单… Ⅱ. ①伍… Ⅲ. ①单片微型计算机—高等职业教育—教材 Ⅳ. ①TP368.1

中国版本图书馆 CIP 数据核字(2015)第 191388 号

出 版 人 谭学余
地 址 北京市东城区嵩祝院北巷 39 号 邮编 100009 电话 (010)64027926
网 址 www.cnmip.com.cn 电子信箱 yjcbs@cnmip.com.cn
责任编辑 郭冬艳 美术编辑 彭子赫 版式设计 孙跃红
责任校对 李 娜 责任印制 李玉山
ISBN 978-7-5024-7024-1
冶金工业出版社出版发行;各地新华书店经销;固安华明印业有限公司印刷
2015 年 8 月第 1 版,2015 年 8 月第 1 次印刷
787mm×1092mm 1/16;11.5 印张;277 千字;173 页
27.00 元

冶金工业出版社 投稿电话 (010)64027932 投稿信箱 tougao@cnmip.com.cn
冶金工业出版社营销中心 电话 (010)64044283 传真 (010)64027893
冶金书店 地址 北京市东四西大街 46 号(100010) 电话 (010)65289081(兼传真)
冶金工业出版社天猫旗舰店 yjgycbs.tmall.com

(本书如有印装质量问题,本社营销中心负责退换)

前　言

单片机正悄无声息的走入我们的生活，小到手机，遥控器，温度计；大到冰箱，洗衣机甚至船只、飞机等的控制系统。"单片机入门与应用"是工学电气信息类专业的重要实用课程，是一门实践性、工程性很强的专业技术基础课程，是该专业学生将来就业的最基本的技能，是"饭碗型"课程，因此，该课程的教学效果直接影响学生就业以及未来个人专业上的发展。

为了解决单片机学习中的枯燥乏味，冗词赘句，职业类学生和初级入门者基础薄弱等问题，编者精心设计了一套教学方法，将多年的实践教学累积所得编成本书，内容简单易行，通俗易懂。

本书遵循"边学边做、边做边学、理论融入实践、实践带动理论"的教学理念，把理论知识，软件安装，程序编写、调试，电路接线等放入课堂，从实际应用入手，以实验过程和实验现象为主导，循序渐进地讲述了51单片机的硬件结构、功能，软件应用及51单片机汇编语言的编程方法。内容主要包括：认识单片机、单片机软件安装及使用、最简单的亮灯应用、LED闪光灯的制作、流水灯的制作、花样灯的制作、LED数码管静态显示制作、数码管动态显示制作、POV趣味制作、十字路口交通灯的控制。

本书适合作为高等职业学校电子信息类和机电类各专业单片机课程的教材，也可供51单片机的初学者和从事自动控制、智能仪器仪表、电力电子、机电一体化等相关专业的技术人员参考。

作者在编写本书时，使用的操作系统是中文版Windows XP SP3，uVision 2 Keil汉化版开发环境，单片机下载软件是STC-ISP V3.9，使用的硬件实验设备是普中科技单片机实验板，本书中所有实例程序都在该环境中调试通过，并得到验证。

本书由广东省国防科技技师学院伍水梅主编，共有10个项目，其中：项目1、项目3~项目8由伍水梅编写，项目9、项目10由陈瑞芝编写，项目2由陈大浪编写；全书由伍水梅负责统稿。

　　本书在编写过程中参考了大量相关的技术文献，也得到了专家和许多同事的大力支持，他们为提高书稿的质量提出了许多宝贵的建议，在此一并向他们表示衷心的感谢。

　　由于水平有限，加之时间仓促，书中不妥之处和疏漏，欢迎读者批评指正。

编　者

2015 年 5 月

目　录

项目1　认识单片机

1.1　项目目标

（1）了解 MCS-51 单片机的外部特征、引脚功能及内部结构；
（2）掌握单片机最小应用系统；
（3）认识单片机及其工具软件。

1.2　项目内容

生活中的单片机无处不在，你接触过吗？

不仅是上面提到的，日常生活中的手机、智能冰箱、遥控电视、热水器、电子秤、电子表、计算器、收音机、电动自行车、公交车报站器、公交车刷卡器、红绿灯控制器等都用到了单片机（见图 1-1 和图 1-2）。

图 1-1　单片机芯片

1.2.1　单片机基本知识

单片机是单片机微型计算机的简称，是超大规模集成电路生产技术发展成熟和计算机向微型化发展的产物，是将微处理器（CPU）、随机存储器（RAM）、只读存储器（ROM）、定时/计数器、输入/输出电路以及中断系统等电路集成到一块芯片上，构成一个最小却完善的计算机系统，如图 1-3 所示。

MCS-51 系列单片机是 Intel 公司于 1980 年推出的产品，许多单片机生产厂商沿用或参考了其体系结构，像 Atmel、Philips、Dallas 等著名的半导体公司都推出了兼容 MCS-51 的单片机产品。所以，本书以 MCS-51 单片机为例来介绍单片机的基本知识。

按钮及指示灯

图 1-2　单片机应用

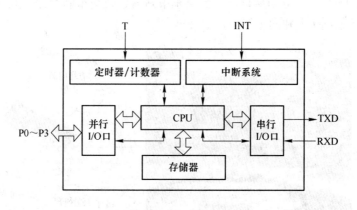

图 1-3　单片机内部结构

1.2.2　单片机最小应用系统

单片机最小应用系统是指使用最少的外围元器件让单片机能够工作的电路。

AT89S51 单片机的最小应用系统如图 1-4 所示，首先，单片机的 VCC、GND 接 +5V 以获得工作电源。此外，还多出了两个部分（阴影框），一个是复位电路，另一个是振荡器。最后还有一个细节，就是单片机的 31 管脚也要接到 +5V 上。

AT89S51 内部集成有中央处理器、程序存储器、数据存储器及输入/输出接口电路等，只需很少的外围元件将时钟电路和复位电路连接完成即可构成单片机最小应用系统。

时钟电路 AT89S51 单片机的 XTAL1 端（19 管脚）、XTAL2（18 管脚）内部有一个片内振荡器结构，但仍然需要在 XTAL1 和 XTAL2 之间连接一个晶振 Y1，并加上两个容量介于 20～40pF 的电容 C1、C2 组成时钟电路，如图 1-4 所示。

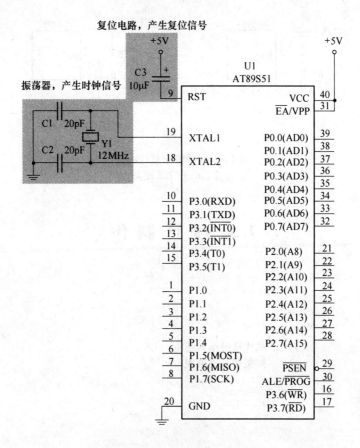

图 1-4 AT89S51 单片机管脚

（管脚名称上带有上划线的表示该管脚低电平有效或下降沿有效）

该振荡器为单片机内部各功能部件提供一个高稳定性的时钟脉冲信号，以便为单片机执行各种动作和指令提供基准脉冲信号。单片机时钟电路的作用就像人的心脏一样。

AT89S51 单片机的 RST 端（9 管脚）是复位端。当向 RST 端输入一个短暂的高电平单片机就会复位，复位后单片机从头开始执行程序。如果在单片机执行程序的过程中触发复位，则单片机立即放弃当前操作而被强行从头开始执行程序。

最简单的复位电路就是在 RST 端与电源端之间连接一个 10μF 左右的电解电容。但只使用一个电解电容的复位电路可靠性不高，所以给出两种复位电路以供比较（见图 1-5）。

其中，由 S1、C3 和 R2 构成单片机的上电复位加按键复位电路。作用是当单片机系统上电时复位，使单片机开始工作；当系统出现故障或死机时，按下按钮 S1 进行手动复位，RST 端获得复位信号（高电平）而使单片机重新开始工作。

电路连接完成后，将程序写入单片机程序存储器，接上电源，单片机最小应用系统就可以工作了。

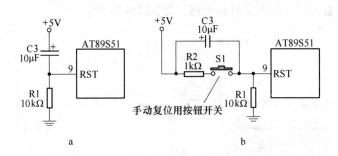

图 1-5 两种常用复位电路
a—电容 + 电阻；b—手动复位

1.3 项目制作

单片机最小系统电路板要怎么做呢？

1.3.1 单片机最小系统电路原理图

单片机最小系统电路原理图，如图 1-6 所示。

1.3.2 真正的电路

（1）根据原理图（图 1-6）选择元件。

（2）根据原理图（图 1-6）在万能板上进行元件布局，注意走线简单方便，整体美观。

（3）根据元件布局进行元件焊接及连线（连线时可根据实际情况操作，电路板正反面均可引线，也可适当利用跳线），实际电路板如图 1-7 所示。

从单片机最小系统电路原理图和实物图可以看到，电路并不复杂，但它却是单片机运行的核心，电源和接地保证了回路的形成，不要忘记前面提到的 EA/VPP（31 脚）一定要和 40 脚连在一起，VPP 是含有片内 EPROM 的单片机的编程电源端，要是没有它，电路就不能正常工作。

1.3.3 单片机最小系统电路调试

（1）准备一个单片机使用的 +5V 直流稳压电源，也可以用电子元件自制一个 +5V 直

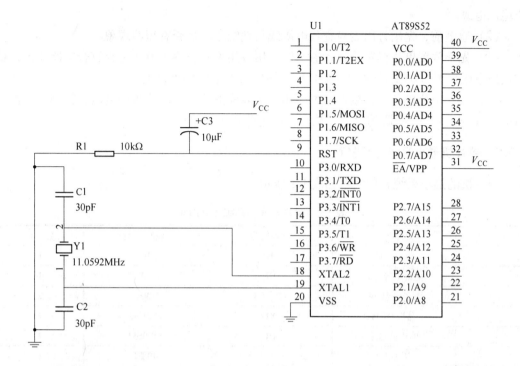

图1-6 单片机最小系统原理图

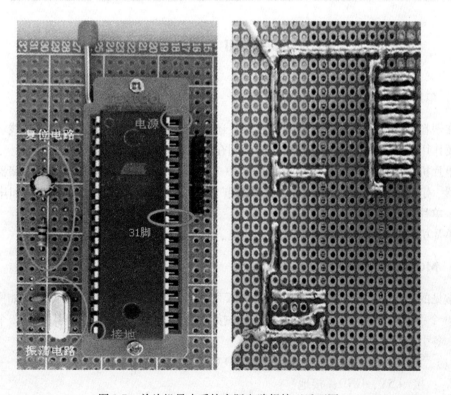

图1-7 单片机最小系统实际电路焊接正反面图

流稳压电源。

（2）通电前，先用万用表检查各电源线与地线之间是否有短路现象。

（3）先不放置单片机芯片，接通电源，用万用表检查输入电压是否符合电路要求；检查接地电压是否为 0V；测试 40 脚 IC 插座各脚对地电压是否合理。

（4）放置单片机芯片，接通电源，用万用表检测单片机芯片各脚电压，特别是晶振电路引出脚 18、19 及 30 脚的电压，从而判断电路是否起振。

1.3.4 单片机最小系统电路材料

单片机的最小系统元件清单如表 1-1 所示。

表 1-1 单片机最小系统元件清单

序　号	元件名称	元件符号	规格/参数	数　量
1	电阻/kΩ	R	10	1
2	电解电容/μF	C1	10	1
3	陶瓷电容/pF	C2、C3	30	2
4	晶振/MHz	X1	11.0592	1
5	单片机芯片	U1	AT89S51	1
6	IC 插座		40 脚	1
7	接线端子		8 位	若干
8	导　线			若干

1.4 知　识　点

1.4.1 单片机总体结构

在塑料基底的中央有一个微型的芯片，还有连接芯片和单片机管脚的细导线。单片机起主要作用的是芯片部分，细导线只能起到在芯片和管脚之间传递信号的作用。

单片机主要包括 9 个逻辑功能部件：中央处理器、振荡/分频器、程序存储器、数据存储器、定时器/计数器、中断控制系统、扩展功能控制电路、并行接口电路和串行接口电路。单片机的总体结构如图 1-8 所示。

单片机构成的最小系统电路是：单片机、时钟电路、复位电路、电源。

1.4.2 MCS-51 单片机引脚及其作用

常见的 MCS-51 单片机多采用 40 引脚双列直插（DIP）封装。其引脚分布如图 1-4 所示。40 个引脚中有 2 个主电源引脚，2 个外接晶振引脚，4 个控制信号引脚，32 个 I/O 口引脚。各引脚功能为：

（1）主电源引脚：V_{CC}（40 脚）和 GND（20 脚）。

V_{CC}：接 +5V；GND：接地。

（2）外接晶振引脚：XTAL1（19 脚）和 XTAL2（18 脚）。

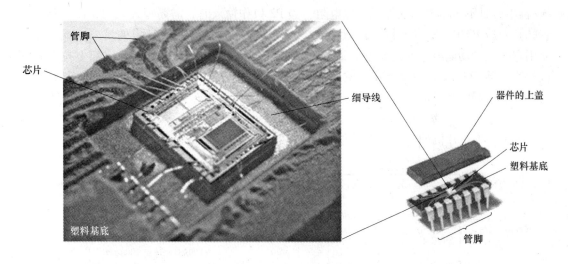

图1-8　单片机总体结构

在使用内部振荡电路时，XTAL1 和 XTAL2 用来外接石英晶体和微调电容，振荡频率为晶振频率，振荡信号送至内部时钟电路产生时钟脉冲信号。在使用外部时钟时，用来输入时钟脉冲。

（3）控制信号引脚：RST/VPD、ALE/$\overline{\text{PROG}}$、$\overline{\text{PSEN}}$、$\overline{\text{EA}}$/VPP。

1）RST/VPD（9脚）：双功能引脚。RST 为复位信号输入端，当 RST 端保持两个机器周期以上高电平时，单片机完成复位操作。VPD 为内部 RAM 的备用电源输入端，当电源 V_{CC} 一旦断电或者电压降到一定值时，可以通过 VPD 给单片机内部的 RAM 提供电源，以保护片内 RAM 中的数据不丢失。

2）ALE/$\overline{\text{PROG}}$（30脚）：双功能引脚。ALE 为地址锁存信号，当访问外部存储器时，ALE 作为低8位地址锁存信号。$\overline{\text{PROG}}$ 为片机含有 EPROM 的单片机的编程脉冲输入端。

3）$\overline{\text{PSEN}}$（29脚）：外部程序存储器的读选通信号，当访问外部程序存储器时，该引脚产生负脉冲作为外部程序存储器的选通信号。

4）$\overline{\text{EA}}$/VPP（31脚）：双功能引脚。$\overline{\text{EA}}$ 为访问程序存储器的控制信号，当 $\overline{\text{EA}}$ 为低电平时，CPU 对程序存储器的访问限定在外部程序存储器；当 $\overline{\text{EA}}$ 为高电平时，CPU 访问从内部程序存贮器 0~4KB 地址，并可以自动延至外部超过 4KB 的程序存储器。VPP 为含有片内 EPROM 的单片机的编程电源端。

（4）I/O 口引脚：P0.0~P0.7、P1.0~P1.7、P2.0~P2.7、P3.0~P3.7。

I/O 口暴露在单片机的外部，用来与外设的管脚连接。32 个 I/O 口引脚分成 4 组，分别用于 4 个 I/O 端口 P0、P1、P2、P3 的 8 位 I/O 口位引脚。

P0 口（32~39 管脚）对应 P0.0~P0.7，是一个 8 位的开漏型双向 I/O 口，包括 P0.0~P0.7 八位，P0 口没有内部上拉电阻，是一个真正的双向口；作输入时因开漏结构而浮地；若用于输出时，注意外接上拉电阻。

P1 口（1~8 管脚）对应 P1.0~P1.7，是一组带内部上拉电阻的双向 I/O 口，由于 P1 口内置有上拉电阻，于是在作输入/输出口时不再需要添加外置上拉电阻；P2 口（21~28 管脚）对应 P2.0~P2.7 也是一组带内部上拉电阻的双向 I/O 口，内置上拉电阻，在作输入/输出口时不再需要添加外置上拉电阻，当 P2 口作输入时，需要写入 1；P3 口（10～17 管脚）对应 P3.0～P3.7，是一组双功能口，内置上拉电阻，具有特定的第二功能，在不使用它的第二功能时它就是普通的通用准双向 I/O 口。P1、P2、P3 因为内部上拉电阻而被称为"准双向口"；可直接用于输出，在作输入时，上拉电阻将"管脚 P×.×"拉高并在外设输入低电平时向外输出电流。但这几组 I/O 口用于输入时，均要先向端口写 1 再输入。

AT89S51 单片机的管脚（按功能排列），如图 1-9 所示。

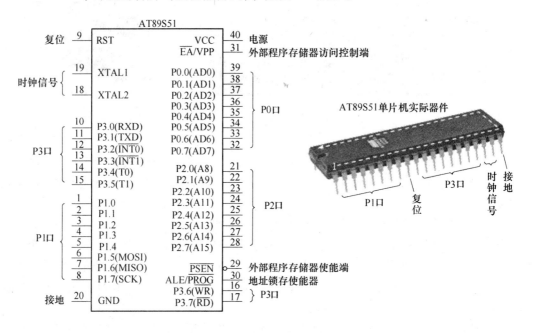

图 1-9　AT89S51 单片机管脚（按功能排列）

注意：有些电路符号中的管脚不是按从小到大的顺序排列的，而是把相近功能的管脚放到一起；实际的单片机芯片，只要把芯片上的凹槽向左摆放，单片机的管脚按逆时针顺序排列读出，图 1-10 中的 AT89S51 就是如此。

1.4.3　元件介绍

1.4.3.1　电阻器

电阻器（见图 1-11）是电子电路元器件中应用最广泛的一种，在电子设备中约占元件总数的 30% 以上，其质量的好坏对电路工作的稳定性有极大影响。电阻器的主要作用是限流和分压。

（1）电阻器的类型。实芯炭质电阻、炭膜电阻、金属膜电阻、线绕电阻、片状电阻等。

（2）电阻器的符号。文字符号"R"。

（3）电阻器的标称阻值。直接标志法和色环标志法（见图 1-12）。

MCS-51 双列直插式(DIP)封装类型引脚图

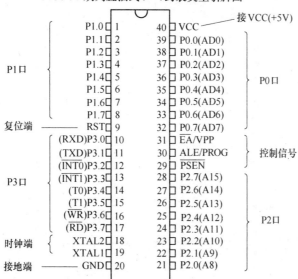

图 1-10 AT89S51 单片机管脚（按逆时针排列）

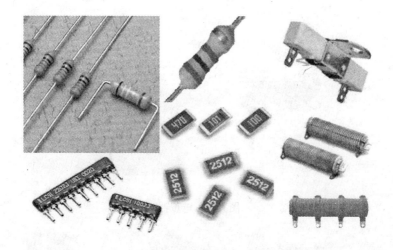

图 1-11 电阻器

1.4.3.2 电位器的识别

电位器（见图 1-13）是一种最常用的可调电子元件。

电位器的类型。单联、双联和多联电位器，旋转式、直滑式电位器等。

电位器的符号。文字符号"RP"。

1.4.3.3 电容器

电容器（见图 1-14）是一种储能元件。在电路中用于调谐、滤波、耦合、旁路、能量

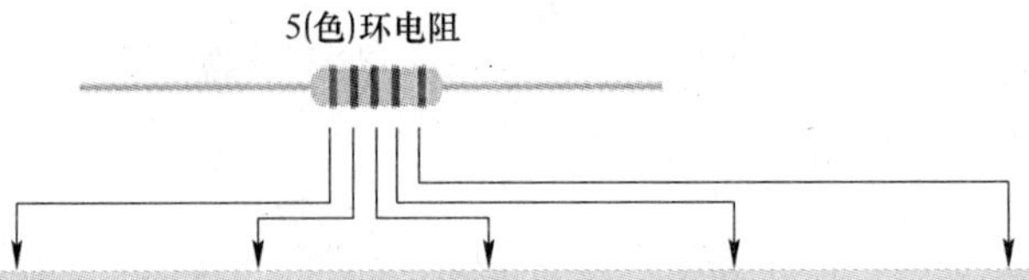

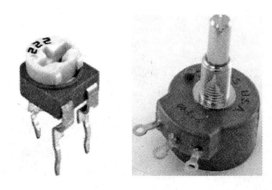

5(色)环电阻

颜色	数值 第1位	数值 第2位	数值 第3位	倍数 第4位	误差 第5位
银色	—	—	—	$\times 10^{-2}$	$\pm 10\%$
金色	—	—	—	$\times 10^{-1}$	$\pm 5\%$
黑色	0	0	0	$\times 10^{0}$	—
棕色	1	1	1	$\times 10^{1}$	$\pm 1\%$
红色	2	2	2	$\times 10^{2}$	$\pm 2\%$
橙色	3	3	3	$\times 10^{3}$	—
黄色	4	4	4	$\times 10^{4}$	—
绿色	5	5	5	$\times 10^{5}$	—
蓝色	6	6	6	$\times 10^{6}$	—
紫色	7	7	7	—	—
灰色	8	8	8	—	—
白色	9	9	9	—	—

图 1-12　色环标志法的含义

图 1-13　电位器

图 1-14　电容器

转换和延时等。

（1）电容器的类型。固定电容器、半可调电容器和可调电容器、纸介质电容器等。

（2）电容器的符号。文字符号"C"。

（3）电容器的检测方法。

电容器的常见故障有断路、短路、失效等。

1）漏电电阻的测量。用万用表的欧姆挡（R×10k 或 R×1k 挡，视电容器的容量而定），当两表笔分别接触电容器的两根引线时，表针首先朝顺时针方向（R 为零的方向）摆动。然后又反方向退回到∞位置的附近。当表针静止时所指的阻值就是该电容器的漏电电阻。一般除电解电容器以外表针均应回到无穷大。在测量中如表针离无穷大较远，表明电容器漏电严重，不能使用。测量电解电容器时，指针式万用表的红表笔接电容器的负极，黑表笔接电容器的正极，否则漏电加大。

2）电容器的断路测量。用万用表判断电容器的断路情况，首先要看电容量的大小。对于 0.01pF 以下的小容量电容器，用万用表不能判断其是否断路，需要用 Q 表等其他仪表进行鉴别。

对于 0.01μF 以上的电容器用万用表测量时，必须根据电容器容量的大小选择合适量程，才能正确的加以判断。如测 300μF 以上的电容器可放在 R×10 或 R×1k 挡；测 10～300μF 的电容器可用 R×100 挡；测 0.47pF～10μF 的电容器可用 R×1 挡；测 0.01～0.47μF 的电容器时用 R×10k 挡。具体的测量方法是：用万用表的两表笔分别接触电容器的两极引线（测量时，手不能同时碰触两极引线）。如表针不动，将表笔对调后再测量，表针仍不动，说明电容器断路。

3）电容器的短路测量。用万用表的欧姆挡，将两支表笔分别接触电容器的两引线，如表针指示阻值很小或为零，而表针不再退回，说明电容器已击穿短路。当测量电解电容器时，要根据电容器容量的大小，适当选择量程，电容量越大，量程越要放小，否则就会把电容器的充电误认为是击穿。

4）电解电容器极性的判断。用指针式万用表测量电解电容器的漏电电阻，并记下这个阻值的大小，然后将红黑表笔对调再测电容器的漏电电阻，将两次测得的阻值进行对比，漏电电阻小的一次，黑表笔接触的就是正极。

5）可变电容器的测量。对可变电容器主要是测其是否发生碰片短路现象。方法是用万用表的电阻挡（R）测量动片与定片之间的绝缘电阻，即用红黑表笔分别接触动片、定片，然后慢慢旋转动片，如转到某一个位置时，阻值为零，表明有碰片现象，应予以排除，然后再用。如将动片全部旋进与旋出，阻值均为无穷大，表明可变电容器良好。

1.4.3.4　晶振

晶振，又称晶体振荡器（crystal），它利用一种能把电能和机械能进行相互转化的晶体在共振状态下工作，提供稳定，精确的单频振荡，如图 1-15 所示。在通常工作条件下，普通的晶振频率绝对精度可达百万分之五十。晶振是单片机系统的必备元件，其作用非常大，它结合单片机内部的电路，产生单片机所必需的时钟频率，单片机一切指令的执行都是建立在这个基础上的，晶振提供的时钟频率越高，单片机的运行速度就越快。常用的晶振有 6MHz 、12MHz（11.2896 MHz）和 24MHz。

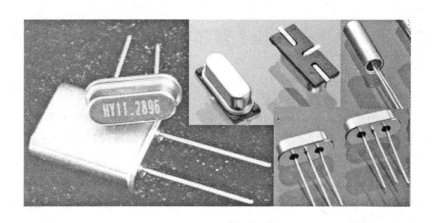

图 1-15　晶体振荡器

晶振分无源晶振和有源晶振。无源晶振就是一块石英晶体，没有电压的问题，信号电平是可变的，但是要求芯片内部有振荡器。无源晶振的缺点是信号质量较差，需要匹配相应的外围电路（信号匹配的电容、电感、电阻等），更换不同频率的晶振时周边配置电路也需要做相应调整。有源晶振内部配有石英晶体和电容等，不需要外围电路，只要有电源就可以工作，信号质量好，稳定，连接方式相对简单。有源晶振为四管脚封装，各脚的连接方式常为：一脚悬空，二脚接地，三脚接输出，四脚接电源。有源晶振的缺点是信号电平固定，灵活性差，而且价格高。

1.5　相 关 链 接

单片机的发展经历了由 4 位机到 8 位机，再到 16 位机的发展过程，目前 8 位单片机仍是单片机的主流机型。

1.5.1　单片机背景

MCS-51 单片机是美国 INTE 公司于 1980 年推出的产品，典型产品有 8031（淘汰）、8051（芯片功耗 630mW，是 89C51 的 5 倍，淘汰）和 8751 等通用产品，一直到现在，MCS-51 内核系列兼容的单片机仍是应用的主流产品（如 89S51、89C51 等）。8051 是早期单片机芯片的代表作，影响深远。MCS-51 内核实际上已经成为一个 8 位单片机的标准，许多公司都推出了兼容系列的单片机。同样的一段程序，在不同厂家的单片机芯片上运行的结果是一样的。以前的 51 芯片指的是 89C51，现在说的 51 芯片，实际是 89S51。因为89C51 有一个很大的缺点，那就是不支持在线更新程序功能，作为市场占有率第一的 At-mel 公司在这方面进行改进，用 AT89S51 取代了 89C51，AT89S51 已经成为市场的新宠儿。

1.5.2　单片机主要生产商

美国英特尔公司的 MCS-48 和 MCS-51 系列；

美国微芯片公司：PIC16C×× 系列、PIC17C×× 系列、PIC1400 系列；

美国摩托罗拉公司的 MC68HC05 系列和 MC68HC11 系列；

美国齐洛格公司的 Z8 系列；

日本电气公司的 μPD78××系列；

美国莫斯特克公司和仙童公司合作生产的 F8（3870）系列等。

1.5.3　单片机开发常用工具

单片机开发系统见图 1-16。

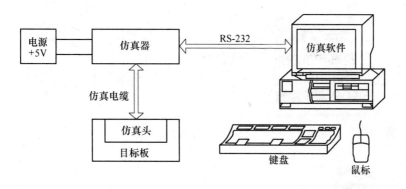

图 1-16　单片机开发系统组成框图

单片机仿真器见图 1-17。

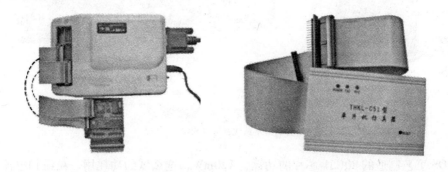

图 1-17　单片机仿真器类型

单片机编程器见图 1-18。

单片机下载线类见图 1-19。

1.5.4　单片机的制造工艺

制造单片机的制造工艺只有两种：HMOS 工艺和 CHMOS 工艺。

早期的 MCS-51 系列芯片都采用 HMOS 工艺，即高密度、短沟道 MOS 工艺。8051、8751、8031、8951 等产品均属于 HMOS 工艺制造的产品。

CHMOS 工艺是 CMOS 和 HMOS 的结合，除保持了 HMOS 工艺的高密度、高速度之外，还具有 CMOS 工艺低功耗的特点。例如 HMOS 工艺制造的 8051 芯片的功耗为 630mW，而

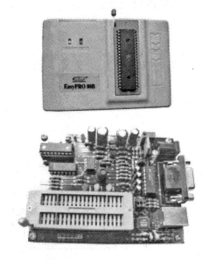

图 1-18　单片机编程器类型

a　　　　　　　　　　　　　　　　　　b

图 1-19　单片机下载线类

a—并行口下载线；b—USB 口下载线

用 CHMOS 工艺制造的 80C51 芯片的功耗为 120mW，这么低的功耗用一粒纽扣电池就可以工作。单片机型号中包含有"C"的产品就是指它的制造工艺是 CHMOS 工艺。如 80C51，就是指用 CHMOS 工艺制造的 8051。

1.5.5　MCS-51 单片机系列产品

MCS-51 系列单片机的参数见表 1-2。

表 1-2　MCS-51 系列单片机的参数

资源配置 子系列	片内 ROM 形式				片内 ROM 容量 /KB	片内 RAM 容量 /B	定时器/ 计数器	中断源
	无	ROM	EPROM	E2PROM				
MCS-51 子系列	8031	8051	8751	8951	4	128	2×16	5
MCS-52 子系列	8032	8052	8752	8952	8	256	3×16	6

1.6 动 动 手

（1）列举单片机的应用领域，展示单片机芯片及单片机应用制作成品。

（2）上网搜索 AT89S52 等单片机芯片的软件设计、开发程序、硬件电路设计等相关内容。

（3）MCS-51 单片机内部有哪几个逻辑功能部件？

（4）MCS-51 单片机的四个控制引脚是哪几个？

（5）单片机最小系统电路包括哪几部分？

（6）动手做一个最小系统，看看各脚在哪个位置。

项目 2　Keil 软件的安装及使用

2.1　项 目 目 标

（1）掌握 Keil 软件的安装；
（2）熟悉 Keil 软件的工作界面；
（3）掌握使用 Keil 软件建立工程。

2.2　项 目 内 容

单片机开发中除必要的硬件外，软件也同样重要，随着单片机开发技术的不断发展，从普遍使用汇编语言到逐渐使用高级语言开发，单片机的开发软件也在不断发展，Keil 软件是美国 Keil Software 公司出品的 51 系列兼容单片机 C 语言软件开发系统，也是目前使用最多的单片机开发软件，它集编辑、编译、仿真于一体，支持汇编，PLM 语言和 C 语言的程序设计，界面清晰，易学易用。

Keil C51 内建了一个仿真 CPU 来模拟执行程序，该仿真 CPU 功能强大，可以在没有硬件和仿真器的情况下进行程序的调试。不过，软件模拟与真实的硬件执行程序还是有区别的，其中最明显的就是时序，具体表现在程序执行的速度和用户使用的计算机有关，计算机性能越好，运行速度越快。

2.3　项 目 制 作

安装 Keil 软件很难吗？
怎么才能建立一个 Keil
工程？

2.3.1　Keil 软件的安装

本书使用 Keil C51 V6.12 完全解密版，已进行汉化处理，是一种兼容单片机 C 语言软件开发系统，方便学习者使用。

即将安装软件如下，一个 Keil 安装程序，一个补丁文件程序和汉化程序。

（1）首先将 V6.12 安装程序复制到电脑的某个目录下，如复制到 D：\keilC51，然后执行 D：\keilC51\setup\setup.exe 安装程序，选择安装 Full Version 版。

（2）打开 Keil 主程序，双击 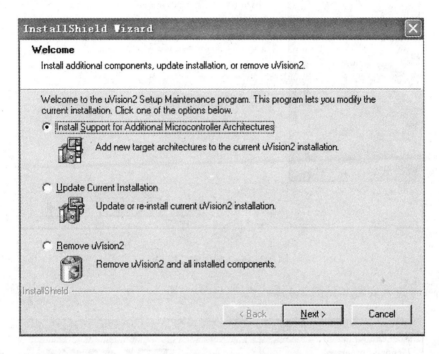 Setup.exe 进行安装；出现安装页面如图 2-1 所示，选择第一项后点击 Next。

图 2-1　Keil 软件的安装询问窗口

跳出提示框，选择 Full Version（见图 2-2）。

图 2-2　Keil 软件安装包选择

Eval Version 是评估版，不需要注册码，但有 2K 大小的代码限制；Full Version 是完全版，安装后可运行软件所有功能；两个都能使用，建议选择 Full Version。

点击 Next 进入下一页面（见图 2-3）。

图 2-3　Keil 软件安装窗口

点击 Yes 进入安装（见图 2-4）。

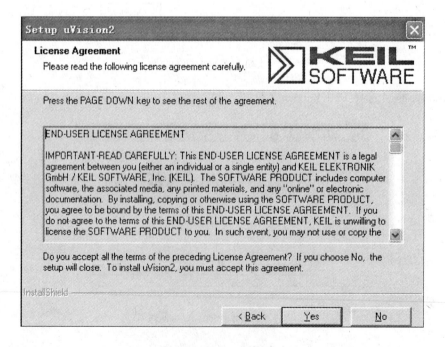

图 2-4　Keil 软件安装条款询问窗口

跳出安装页面，选择安装路径，然后点击 Next 进入下一页面（见图 2-5）。

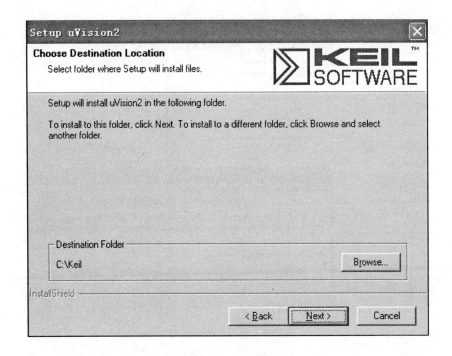

图 2-5 选择安装路径窗口

在页面中填写注册码（注册码可在安装说明中找到），见图 2-6 和图 2-7。

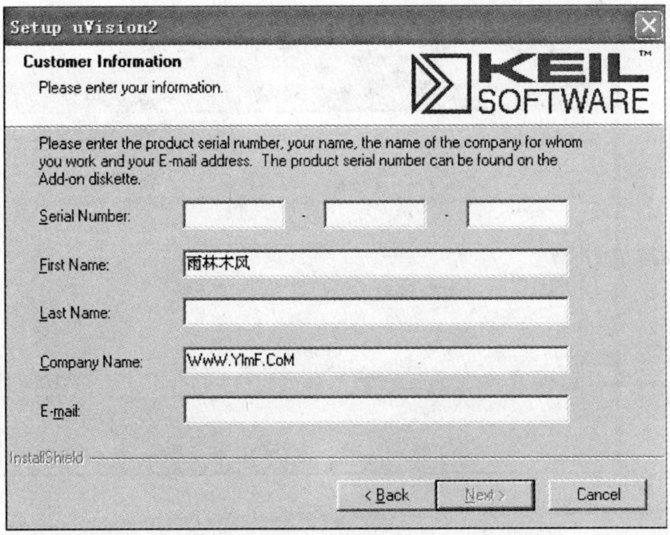

图 2-6 填写注册码窗口

填写完成后点击 Next 进入下一页面，该页面可不选择，直接点击 Next 进入下一页面
（见图 2-8）。

上述步骤完成后进入安装页面（见图 2-9）。

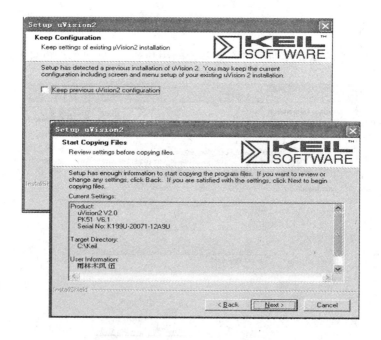

图 2-7　填写注册码过程

图 2-8　注册完成窗口

安装过程中若跳出如图 2-10 所示的对话框可直接忽略。

后面跳出的对话框均可直接点击 Next 至 Finish，主程序安装完成。

（3）找到 ▢ 2 KEIL补丁文件程序 双击 ▢ setup.bat MS-DOS 批处理文件 1 KB 进行补丁安装。安装补丁时，不出现安装页面，屏幕只会闪一下。

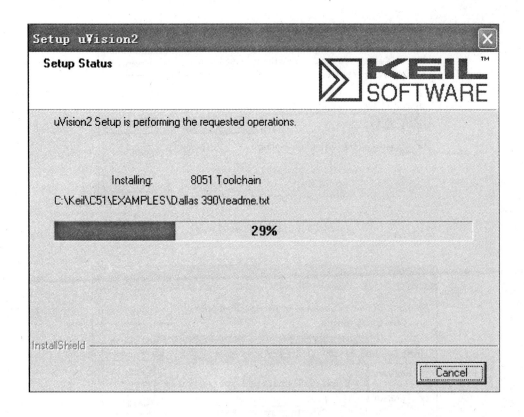

图 2-9 软件安装窗口

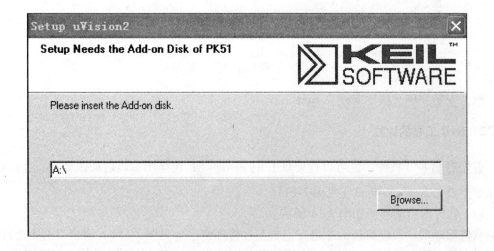

图 2-10 插入光盘窗口

（4）打开汉化程序双击 ![]puv2.exe 跳出对话框，如图 2-11 所示。

选择第一项 Unzip，则在对话框中弹出页面，如图 2-12 所示。

表示 Keil 程序汉化成功。

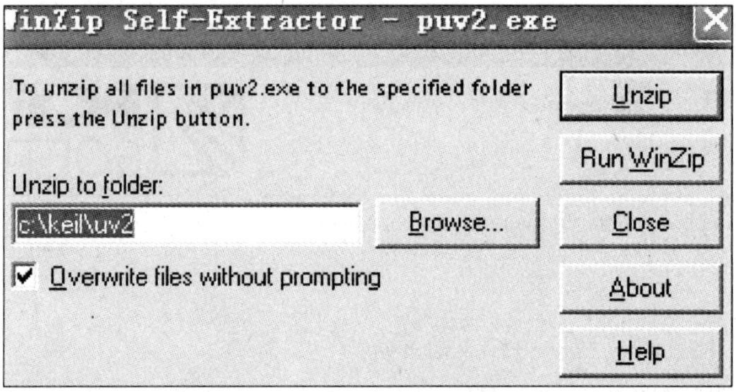

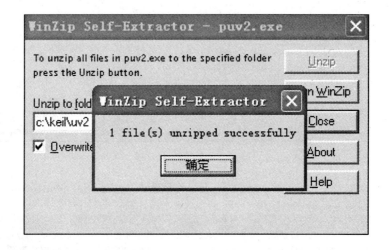

图 2-11　汉化程序安装窗口

图 2-12　汉化程序安装完成窗口

软件安装完毕，接下来建立 Keil 工程。

2.3.2　Keil 工程的建立

首先启动 Keil 软件，也可以直接双击 uVision ![icon] 快捷图标以启动该软件，也可在开始菜单中点击 Keil uVision2（见图 2-13）。

Keil 软件的启动界面如图 2-14 所示。

软件启动后，程序窗口的左边有一个工程管理窗口（见图 2-15），该窗口有 3 个标签，分别是 Files、Regs 和 Books，这三个标签页分别显示当前项目的文件结构、CPU 的寄存器及部分特殊功能寄存器的值（调试时才出现）和所选 CPU 的附加说明文件，如果是第一次启动 Keil，那么这三个标签页全是空的。

2.3.2.1　建立工程文件

点击菜单"工程—新建工程"，出现一个对话框（见图 2-16）。

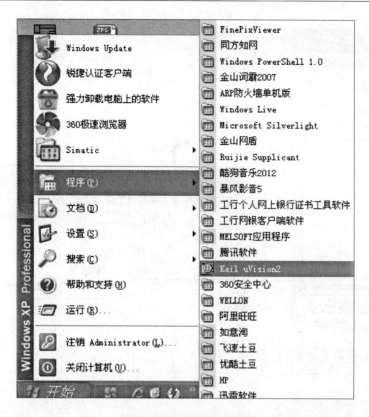

图 2-13　Keil 软件启动过程

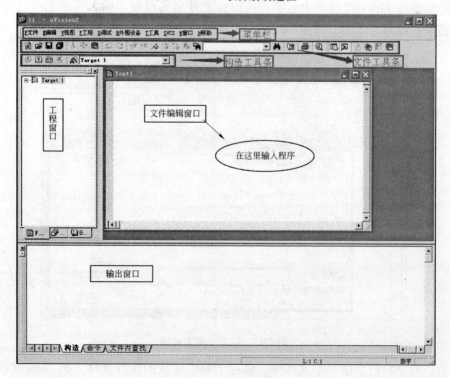

图 2-14　Keil 软件启动界面

图 2-15　工程管理窗口标签图

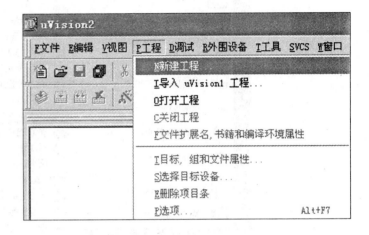

图 2-16　新建工程图

要给将要建立的工程起一个名字，可以在文件名编辑框中输入一个名字（比如项目 1），不需要扩展名。点击"保存"按钮，出现第二个对话框（见图 2-17）。

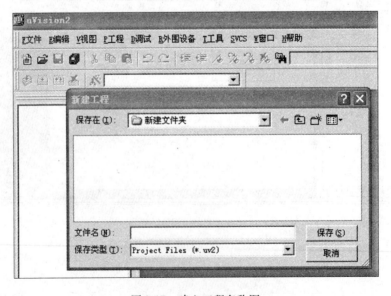

图 2-17　建立工程名称图

注意：通常我们会建一个文件夹，保存工程中生成的所有文件，如 .asm 文件，.hex 文件，.c 文件等，一个工程用一个文件夹，工程名字和文件夹名字一致，方便查找。

这个对话框要求选择目标 CPU（即所用的芯片型号），Keil 支持的 CPU 很多，我们选择 AT89S51 芯片。点击 Atmel 前面的 "＋" 号，展开该层，点击其中的 AT89S51，然后再点击 "确定" 按钮，回到主界面（见图 2-18）。

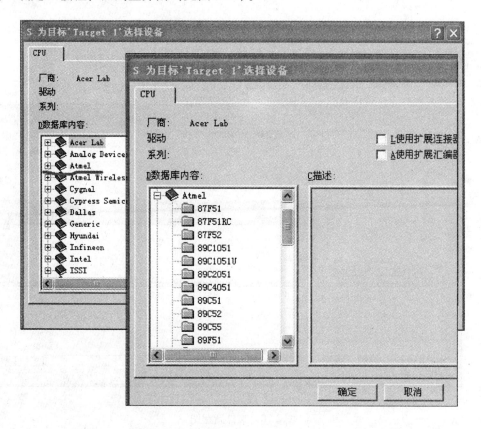

图 2-18　选择工程芯片

此时，在工程窗口的文件页中，出现 "Target 1"，前面有 "＋" 号，点击 "＋" 号展开，可以看到下一层的 "Source Group 1"，这时的工程还是一个空的工程，里面什么文件也没有，需要手动把刚才建立的源程序加进去（见图 2-19）。

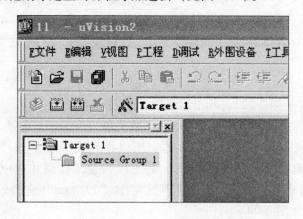

图 2-19　目标文件图标

　　点击菜单"文件—新建…"或者点击工具栏的新建文件按钮 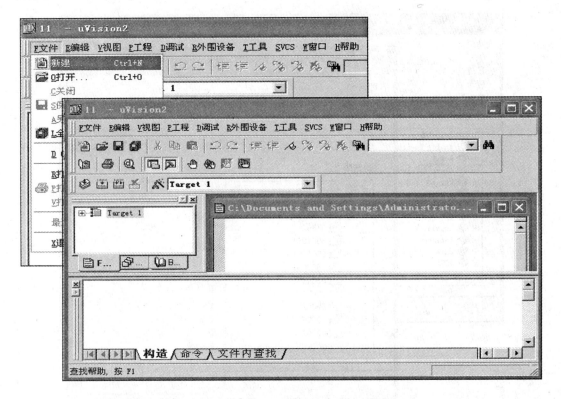 ；即可在项目窗口的右侧打开一个新的文本编辑窗口（见图 2-20），该窗口用于输入汇编语言源程序。

图 2-20　文件新建图

　　点击菜单栏的"文件"，然后点击鼠标右键，出现一个下拉菜单，选中其中的"另存为（A）…"，文件名可随意设定，此处假定将文件保存为 11. asm，点击保存，生成源文件（见图 2-21）。

　　注意：保存文件时必须加上扩展名（汇编语言源程序一般用 . asm 作为扩展名），需要说明的是，源文件就是一般的文本文件，不一定使用 Keil 软件编写，可以使用任意文本编辑器编写，但 Keil 的编辑器对汉字的支持不好，建议使用 UltraEdit 之类的编辑软件进行源程序的输入。

　　选中"Source Group 1"，然后点击鼠标右键，出现下拉菜单，选中"增中文件到组'Source Group 1'"（见图 2-22），跳出对话框。

　　该对话框下面的"文件类型"默认为 C 源文件（ ∗ . c），也就是以 C 为扩展名的文件，而我们的文件是以 asm 为扩展名的，所以在列表中找不到"11. asm"。要将文件类型改掉，点击对话框中"文件类型"的下拉列表，找到并选中"Asm 源文件…"（见图 2-23），在列表框中就可找到刚刚保存的"11. asm"文件，双击"11. asm"，将文件加入项目（见图 2-24）。

　　点击"关闭"返回主界面，"Source Group 1"前出现"＋"，点击"＋"，在"Source

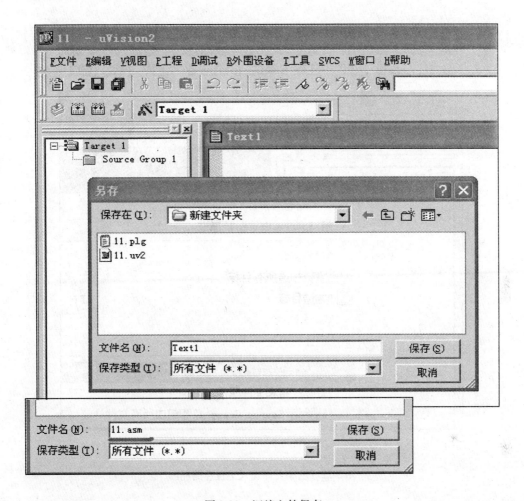

图 2-21 汇编文件保存

Group 1"下出现"11. asm"（见图 2-25），表示工程建立完成；接下来就可以在新文件中编写程序了。

注意：到这里我们还没建立一个完整的工程，只是有工程的名字，框架，工程中还没有任何文件代码（除了启动代码，有的 Keil 版本不显示启动代码），等我们学习了编程，把文件添加到工程里它才算是一个完整的工程。

2.3.2.2 工程的设置

工程建立好以后，还要对工程进行进一步的设置（针对教学中使用的单片机制作项目进行简单设置），以满足要求。首先右击左边 Project 窗口中的 Target 1，弹出下拉菜单，点击"目标'Target 1'属性"即出现对工程设置的对话框（见图 2-26），工程的各个参数都可以在这里设置，这个对话框项目较多，共有 8 个页面，全部弄懂不太容易，但大多数设置都可以取默认值，只有少数是需要按要求重新设置的。

也可以直接点击 ✍ 按钮打开"Option for Target"（目标'Target 1'属性）对话框，对当前工程进行设置。

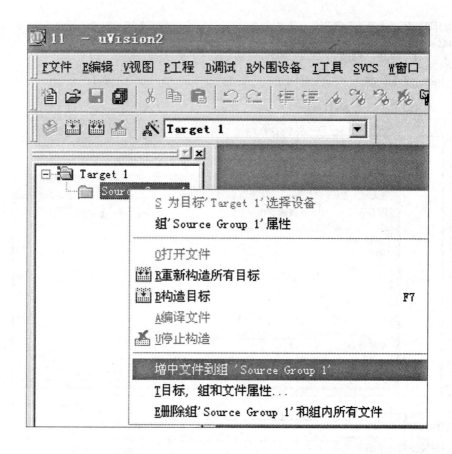

图 2-22　汇编文件加入工程卷路径图

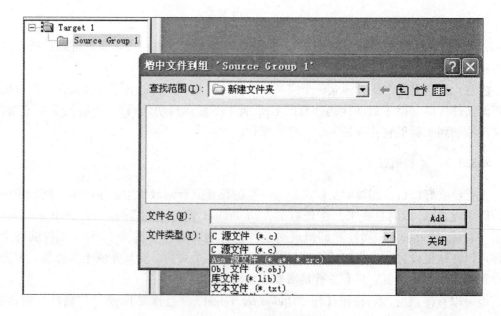

图 2-23　汇编文件名选择图

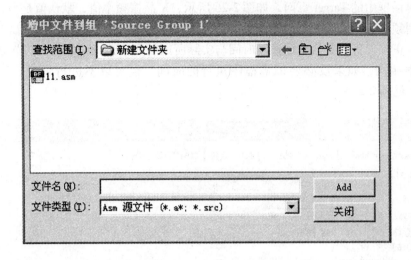

图 2-24　汇编文件添加成功图

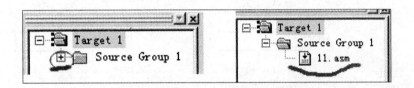

图 2-25　工程建立在"Source Group 1"下的显示图

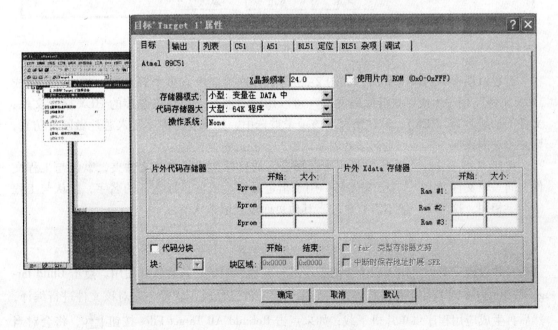

图 2-26　工程参数的设置图

设置对话框中的 Target 页面，如图 2-26 所示，X 晶振频率值，默认值是所选目标 CPU 的最高可用频率值，该数值与最终产生的目标代码无关，仅用于软件模拟调试时显示程序执行时间。正确设置该数值可使显示时间与实际所用时间一致，一般将其设置成与硬件所用晶振频率相同，如果没必要了解程序执行的时间，也可以不进行设置，这里设置为 24.0MHz（见图 2-27）。

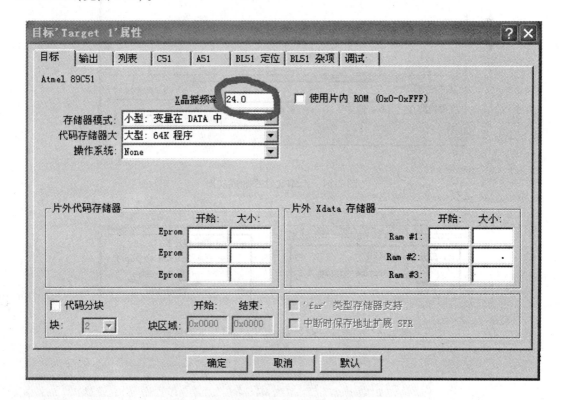

图 2-27　晶振频率的设置图

设置对话框中的输出页面，如图 2-28 所示，这里面也有多个选择项，其中"E 生成 .Hex 文件"用于生成可执行代码文件（可以用编程器写入单片机芯片的 HEX 格式文件，文件的扩展名为 .HEX），默认情况下该项未被选中，如果要将程序写入芯片做硬件仿真，则必须选中该项，这一点是初学者容易疏忽的，在此特别提醒。

按钮"选择 obj 文件夹"是用来选择最终的目标文件所在的文件夹，默认与工程文件在同一个文件夹中。"执行文件名"用于指定最终生成的目标文件的名字，默认与工程的名字相同，这两项一般不需要更改。其他页面设置取默认值。

2.3.2.3　编译、连接及改错

参数设置完毕，可输入一个小的程序进行编译、调试，熟悉软件使用。点击 Build target 按钮 ，对当前工程进行连接，如果当前文件已修改，软件会先对该文件进行编译，然后再生成应用程序供单片机下载；如果点击 Rebuild All Target Files 按钮 ，将会对当前工程中的所有文件重新进行编译然后再连接，确保最终生成的应用程序是最新的，很多

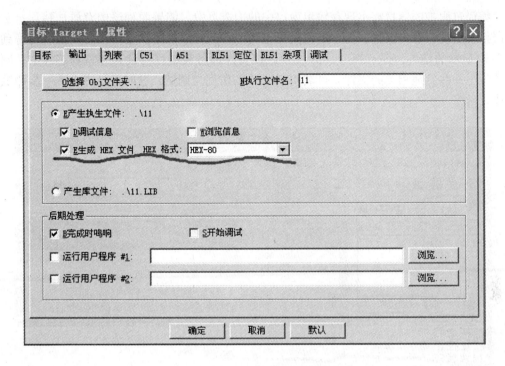

图 2-28　HEX 文件的勾选图

工程中的文件不止一个，当有多个文件时，可以用它同时进行编译；而点击按钮 Translate … ，则仅对该文件进行编译，不进行连接（见图 2-29）。

图 2-29　按 进行编译显示图

编译过程中的信息将出现在输出窗口中的构造页中，如果源程序中有语法错误，会有错误报告出现，双击该行，可以定位到出错的位置，对源程序反复修改后，最终可得到如图 2-30 所示的结果，提示获得 .hex 文件，该文件即可被编程器读入并写到芯片中，同时还产生了一些其他相关的文件，可被用于 Keil 的仿真与调试，这时可以进入下一步调试的工作。

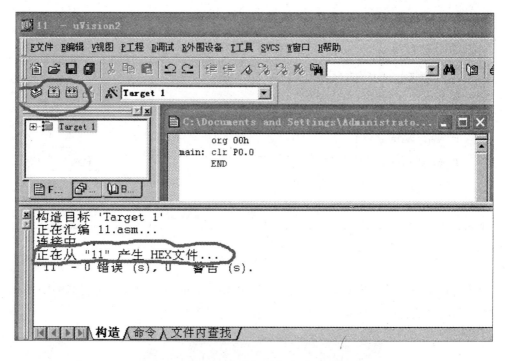

图 2-30　按 ▦ 或 ▦ 进行构造目标显示图

2.4　知　识　点

（1）Keil 软件的安装。本书使用 Keil C51 V6.12 完全解密版，已进行汉化处理，安装软件包括一个 Keil 安装程序，一个补丁文件程序和汉化程序；安装过程中注意注册码的输入。

（2）Keil 工程的建立——工程文件的建立。工程文件建立过程中注意工程窗口的"＋""－"转变，出现"Target 1"，前面有"＋"号，点击"＋"号展开可以看到下一层的"Source Group 1"，这时的工程还是一个空的工程，里面什么文件也没有，需要手动把刚才编写好的源程序加入，"Source Group 1"前面有"＋"才表示工程建立完成。

（3）工程的设置。工程的设置主要针对晶振频率和 .hex 文件的勾选。晶振频率用于计算时间，正确设置该数值可使显示时间与实际所用时间一致，一般将其设置成与硬件所用晶振频率相同；晶振频率越高，电路中所用的起振电容就越大，通常 12MHz 的晶振选用 30pF 的电容，6MHz 的晶振选用 20pF 的电容。.hex 文件的勾选决定了编译后是否生成.hex文件，只有该种文件才可被编程器读入并写到单片机芯片中。

（4）编译、连接及改错。通常使用 ▦ 按钮对当前工程中的所有文件重新进行编译然后再连接，确保最终生产的目标代码是最新的。编译过程中的信息将出现在输出窗口中，如果源程序中有语法错误，会有错误报告出现，双击该行，可以定位到出错的位置，对源程序反复修改无误之后，输出窗口中将提示获得.hex的文件。

2.5 相关链接

（1）想深入学习单片机，下载软件或学习资料，可以到网上搜一搜。推荐几个网站，供学习参考：

1）http：//www.dpj100.com/（单片机之家）；

2）http：//www.elecfans.com/soft/33/2012/20120821285311.html（电子发烧友）；

3）http：//dl.21ic.com/download/code/51-rar-ic-103643.html（21ic）；

4）http：//www.cr173.com/soft/37704.html（西西软件园）。

（2）本书中所用的单片机仿真板及仿真板中各部件名称，如图2-31所示。

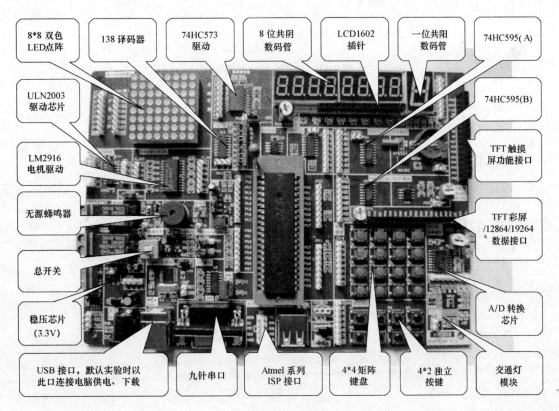

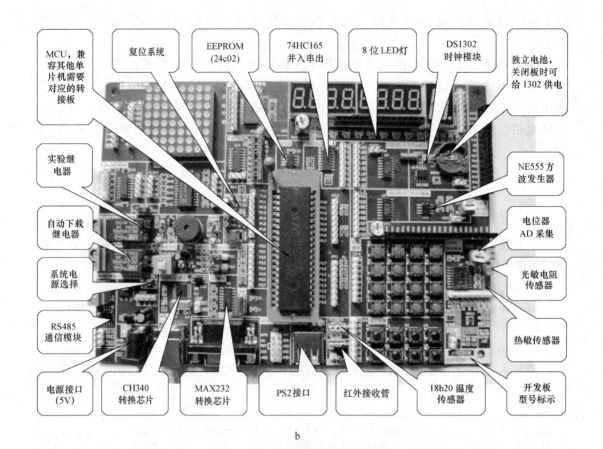

MCU，兼容其他单片机需要对应的转接板

复位系统

EEPROM (24c02)

74HC165 并入串出

8 位 LED灯

DS1302 时钟模块

独立电池，关闭板时可给 1302 供电

实验继电器

自动下载继电器

系统电源选择

RS485 通信模块

NE555 方波发生器

电位器 AD 采集

光敏电阻传感器

热敏传感器

电源接口 (5V)

CH340 转换芯片

MAX232 转换芯片

PS2接口

红外接收管

18b20 温度传感器

开发板型号标示

b

图 2-31　单片机仿真板实物图

2.6　动　动　手

（1）上网搜索单片机的应用软件有哪些，现在用得最广的是哪些？

（2）安装 Keil 软件要注意哪些事项，亲手装一装？

（3）.hex 文件表示什么？

（4）在仿真试验仪中找出各部分电路，进行电路分析。

（5）建立一个 Keil 工程。

项目 3 最简单的亮灯应用

3.1 项目目标

(1) 掌握单片机接口用于输出时与外部电路的连接方法；

(2) 了解发光二极管的工作原理，理解单片机控制 LED 灯电路的整体构成；

(3) 掌握项目相关指令的作用及使用方法；

(4) 理解应用程序的一般结构。

3.2 项目内容

用单片机控制一只发光二极管 LED 工作（见图 3-1），要用单片机去控制，LED 必须要和单片机的某个管脚相连，不然单片机就没法控制它了，那么和哪个管脚相连呢？单片机上除了最小系统中用掉的 5 个管脚（9、18、19、20、40），还有 35 个，其中 P0、P1、P2、P3 四组均为 I/O 口，都可以用。我们就选 P0.0 脚作为输出和 LED 相连。

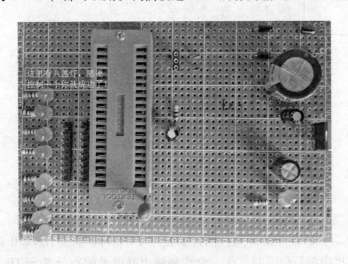

图 3-1 一个灯工作的实物图

市场上大部分的仿真板与各引脚相接的发光二极管大都是共阳极的，而本书所用单片机仿真板中与各引脚相接的发光二极管均接成共阴极方式，仿真板一上电，单片机芯片各输出脚默认高电平，连线后所有发光二极管均会点亮，在编写程序过程中需要注意。我们现在要做的就是先让一个 LED 灭下来。

这个程序很简单，只控制一个灯，让大家都来感觉一下，但一定要弄懂。做好这个程序，以后的两个、三个、八个灯也就好做了，算是个基础内容。接下来会详细讲解这个例程。另外需要注意的是单片机写程序的时候，一定是英文状态下的字符，尤其注意"；"，往往就因为这个分号，程序出现问题，所以输入时一定要注意是在英文状态下的。

3.3　项　目　制　作

3.3.1　电路原理图

一个灯工作的原理图，如图 3-2 所示。

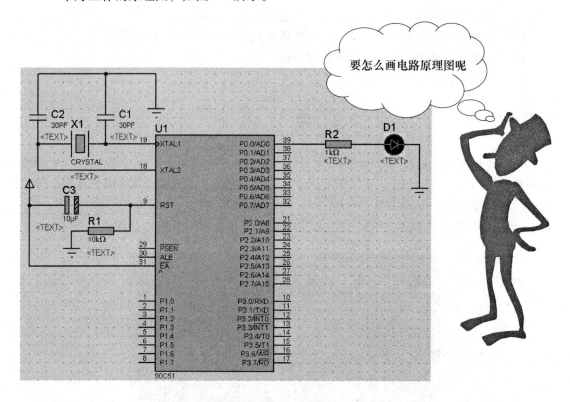

图 3-2　一个灯工作的原理图

分析电路原理，各输出管脚上电默认高电平，当 P0.0 脚是高电平时，LED 亮，只有 P0.0 脚是低电平时，LED 才能熄灭。因此要控制 P0.0 脚，就要让 P0.0 管脚按要求变为低电平。在计算机中编写程序时，让一个管脚输出高电平的指令是 SETB，让一个管脚输出低电平的指令是 CLR；因此，我们要 P0.0 输出高电平，只要写 SETB P0.0，要 P1.0 输出低电平，就要写 CLR P0.0。

3.3.2　程序编写

点击"工程"—"新建工程"—在指定位置创建一个文件夹，以"11"命名（文件名定为 11. asm），用相同的名字作文件名，"保存"—选择芯片类型"89S51"—"确定"—点击"文件"—"新建"出现输入窗口—再点"文件"—"另存为"，将 LED 的

后序名改为 .asm，"保存"生成源文件—右键点击"Source Group 1"—"增中文件到 Source Group 1"选择"文件类型"Asm源文件—选择刚才保存的源文件，"Add"—"关闭"在"Source Group 1"前出现"+"，写入程序，见图3-3。

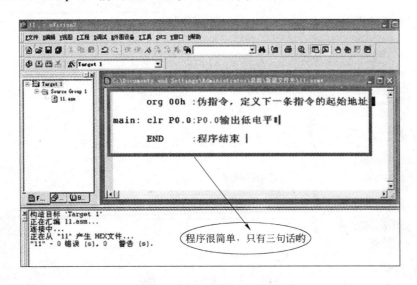

图3-3 灭一盏灯的程序输入

注意：程序里面除了I/O口（P0.0）一定要大写外，其他的都不分大小写！还有，正确的指令在编译后操作码会改变颜色，假如颜色不变就说明指令编写不正确。

3.3.3 程序调试、保存及仿真

我们打开程序，先编译一下，第一次编译点击 ，留意输出窗口的变化，看一下结果，见图3-4。

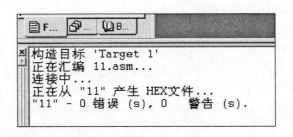

图3-4 输出窗口显示页面

在这里说明一点：生成HEX文件是我们自己设置的，默认的情况下不会生成HEX文件。单击 进行设置，如图3-5所示，选择输出，勾选生成 .HEX文件，然后单击确定。

假如输出窗口中显示无警告，无错误信息，即可点击"保存"将其保存到指定文件夹内，若有错误则进行修改后重新编译再保存（可参照项目2）。

Keil软件具有程序调试模式，程序编译完成后可点击"调试"，右键选择"开始/停止调试"，见图3-6。

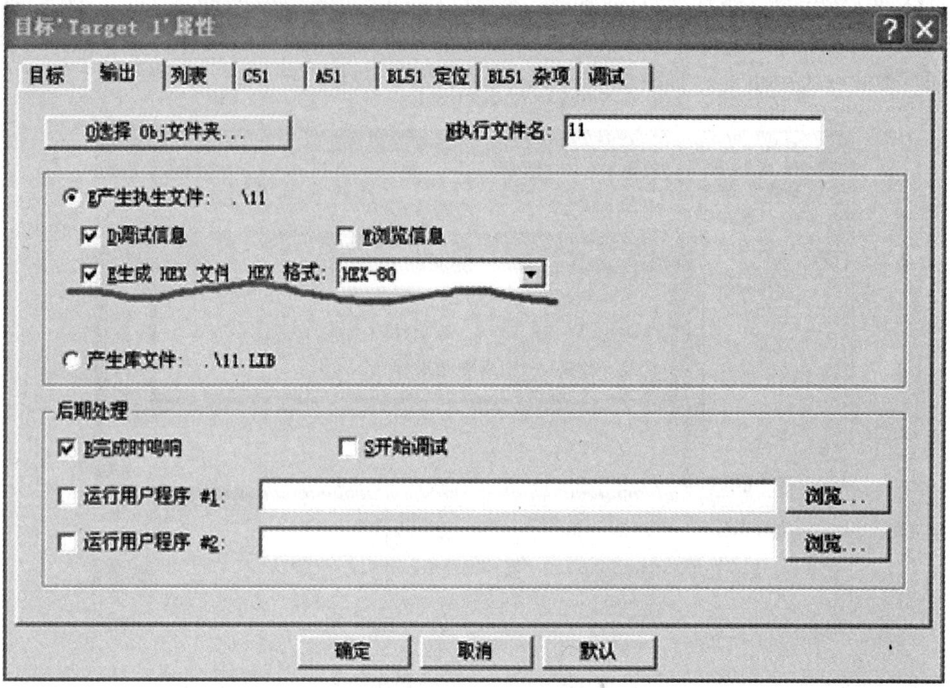

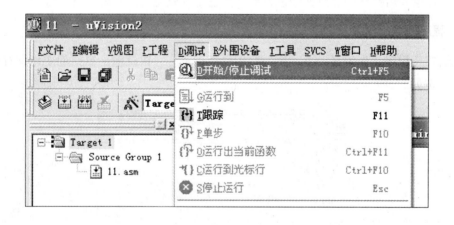

图 3-5　HEX 文件的勾选

图 3-6　调试选择页面

　　窗口转变为：左边目标窗口显示为各储存器、指针等的当前状态，黄色箭头所指为程序运行的当前位置，该指令只是准备执行，还没有真正执行（见图 3-7）。

　　程序中用的是 P0.0 管脚，点击"外围设备"，右键选择"I/O-Ports"下的"Port 0"弹出 P0 的各端口（见图 3-8）。

　　P0 口共有管脚 8 个（P0.0 ~ P0.7），仿真默认为单片机芯片上电状态，所以打勾表示 8 个管脚均输出高电平，见图 3-9。

　　在构造工具栏中的几个按键提供了仿真和调试过程中经常使用的命令：

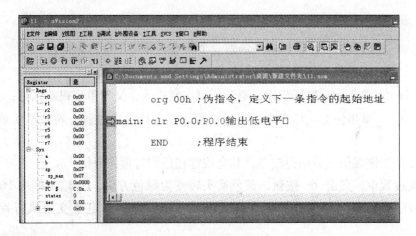

图 3-7　调试开始页面

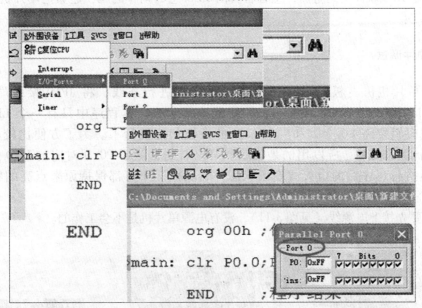

图 3-8　调试输出端口显示

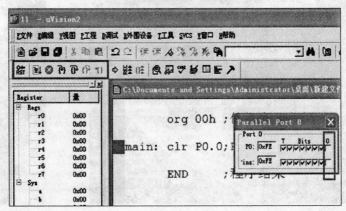

图 3-9　运行程序状态显示

（1） ![复位图标]：复位单片机，让程序从头开始，相当于复位仿真状态；

（2） ![仿真执行图标]：仿真执行程序，直到遇到一个断点，相当于全速执行；

（3） ![停止图标]：停止仿真执行；

（4） ![单步跟踪图标]：单步仿真执行程序，遇到子程序则进入，又称单步跟踪执行；

（5） ![单步跳过图标]：单步仿真执行程序，跳过子程序；每按一次该键，黄色箭头就会往下移一条语句。

以上几个按键在仿真中用得较多，其余按键在遇到时再作分析。

在仿真过程中，点击 ![图标] 按钮，黄色箭头转变为绿色方块，P0 输出框中 P0.0 的勾消失，表示程序运行到当前位置，P0.0 脚无输出，由原来的高电平变为执行程序后的低电平。

这只是 Keil 软件中的仿真，想看看真的 LED 怎么动作的吗？赶紧把单片机仿真试验板拿出来吧！

3.3.4 硬件调试

打开单片机仿真板，按照程序所选的管脚进行连线，将 JP10 接线端（P0 输出）和 J12 接线端（LED 灯接口）用跳线连接起来。本程序中只有一个 LED 受控，所以接线时只要将 P0.0 脚和一个 LED 的正极相连就行了。为了方便比较，我们把 P0 的 8 个脚都接上，所以用的是排线。可以看到，除了 P0.0 对应的 LED 灯由原来的发亮到执行程序后的熄灭改变了状态外，其余 7 个灯都保持原来点亮的状态（见图 3-10）。

记得要先接上电源线（见图 3-11），没有电源单片机是不会工作的。

图 3-10 输出口接线图

图 3-11 电源线连接图

3.3.5 效果演示

把程序写入单片机芯片就可以看到灯的变化了，见图 3-12。

图 3-12　程序仿真对照

首先打开软件 **青中ISP** （提前装好驱动），点击打开文件，选中刚刚编译生成的 11. hex 文件，下载程序；还有一步很重要，那就是点击程序下载后，紧跟着要按下单片机仿真板的电源开关，程序才能顺利下载。

3.3.6 材料准备

准备的材料，如表 3-1 所示。

表 3-1　电路元件清单

序　号	元件名称	元件符号	规格/参数	数　量
1	上拉电阻/kΩ	R2	1	1
2	发光二极管/mm	LED1	$\phi5$	1
3	接线端子		8 位	若干
4	导　线			若干

3.4　知　识　点

3.4.1　LED 介绍

LED 是发光二极管（Light Emitting Diode）的英文缩写，一种固态的半导体器件，它可以直接把电转化为光，是一种很常用的电子元件（见图 3-13）。街头五颜六色的招牌、闪烁的流水彩灯、LED 显示屏、电子仪器面板上的指示灯都是由发光二极管组成的，因为其节电效果显著，近来也广泛应用到家庭照明领域。

几乎所有的单片机系统都要用到 LED 发光二极管，最常见的 LED 发光二极管主要有红色、绿色、蓝色等单色发光二极管，另外还有一种能发红色和绿色光的双色二极管，如图 3-13 所示。

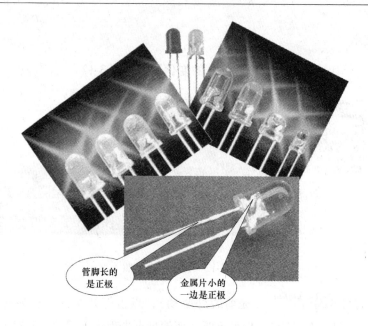

管脚长的
是正极

金属片小的
一边是正极

图 3-13　LED 灯实物图

3.4.1.1　发光二极管特性

工作电流一般为 3～20mA，其发光亮度随正向电流的变化而变化，当电流大于 25mA，发光强度基本不再随电流变化。

优点：体积小、工作电压低、工作电流小、发光均匀、寿命长。

3.4.1.2　发光二极管极性判断

检测发光二极管的正负极可参照普通二极管的方法。但由于发光二极管的正向导通电压在 1.7V 以上，因此必须使用设有 R×10k 挡、内装 9V 以上电池的万用表进行测量。若用 1.5V 电池的万用表测量，其正、反向电阻均为∞或很大，无法进行正负极的判断。

3.4.1.3　发光二极管好坏判断

检测发光二极管正常发光性能的方法有两种：一是找一只漏电流较小的 220μF 电解电容器，将万用表打在 R×10k 挡。黑表笔接电容器的正极，红表笔接电容器的负极，使万用表内的积层电池对电容器充电，待充电达到表针回到 2/3 刻度以上时停止充电。电容器的正极接发光二极管的正极，负极接发光二极管的负极。此时电容器对发光二极管进行放电，发光二极管会发出很亮的闪光并逐渐熄灭，表明发光二极管的发光性能良好。如果万用表设有 R×10k 挡，则可用图 3-14 所示的方法，在万用表外接 –1.5V 的电池，然后用万用表表笔与发光二极管接触。若

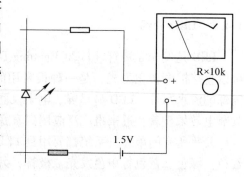

图 3-14　LED 检测示意图

发光二极管发光，说明发光性能正常；如发光二极管不发光，可将表笔反接再试，如仍不亮，则表明发光二极管已坏。应指出的是，使用这种方法试验时，发光二极管的管心只会发出很小的光点。

3.4.1.4 发光二极管上拉电阻的计算

在输出口和发光二极管之间，常会连接一个限流电阻以保证二极管正常工作，该电阻又称为上拉电阻（见图3-15），如何确定该电阻大小呢？

假设二极管的最小点亮电流为3mA，点亮后二极管两端电压降为1.7V，也就是电阻两端承受的电压为 5 - 1.7 = 3.3V，根据欧姆定律求得电阻阻值为 3.3/3 = 1100Ω，所以可以选取 1kΩ 的电阻接入电路；假设点亮电流为10mA，则电阻变为330Ω，如此类推。

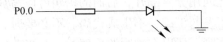

图3-15 LED上拉电阻计算原理图

3.4.2 项目相关指令

51单片机有111条指令，可以用这些指令"组合"成你想象到的任何程序，只要对基本指令熟悉，就可以编写出简洁高效的程序，不过这可不容易，需要勤学苦练、日积月累地练习才能达到。

3.4.2.1 指令格式

MCS-51单片机的汇编语言源程序是由汇编语句（即指令）组成的，每条指令由四部分组成，每行只能写一条指令，所占用的地址空间在 1~4 个字节之间。各部分的顺序不能搞错，按实际要求可以缺少其中的一部分或几部分，甚至全部省去，即空白行。每条指令的格式为：

```
[标号]:操作码 [操作数] [,操作数] [;注释]
main:      clr       P0.0                      ;P0.0输出低电平
```

注意：[ ] 项是可选项，在写指令时，并不是每条指令都要包含这几项，可视指令要求适当增减。

（1）标号：标号是标志程序中某一行的符号名，就是一个名字，由英文字母和数字等符号组成，用来表示某一条指令的地址。

标号位于一条指令的开始，必须由英文字母开头，冒号":"结束。不要时，标号可以省略。编译后标号的数值就是标号所在行代码的地址。

在宏汇编 ASM51 中标号的长度不受限制，但标号中不能包含":"或其他的一些特殊符号，如汇编语言中已经定义了的指令助记符、寄存器符号名称等；也不能用汉字，可以用数字作标号，但必须用字母开头。

当标号作参数用（如标号作转移地址），在命令后面出现时，必须舍去"："。

每行只能有一个标号，一个标号只能用在一处，如果有两行用了同一个标号，则汇编时就会出错。由于对标号的长度没有限制，可以用有意义的英文或汉语拼音来说明，使源程序读起来更为方便。

在源程序中的字母不区分大小写，也就是说 MAIN 和 main 是一样的。

（2）操作码：操作码部分是指令或伪指令的助记符，用来表示指令的性质，指明指令的功能，不可省略。

（3）操作数：操作数给出的是参与操作的数据或这些数据的地址，它位于操作码之后。操作数与操作码之间用空格分开，如果命令有多个操作数，则操作数与操作数之间必须用"，"（逗号）分开。

（4）注释：注释部分是用来对指令或程序段的功能、性质进行说明的部分，以便于阅读和理解。注释与操作数之间用分号隔开，后面的语句可以写任何字符，包括汉字，用于解释前面的汇编语句，它不参与汇编，不生成代码。不必要时，注释部分可以省略。由于汇编程序对我们而言还不直观，所以在编写源程序时，应当养成多写注释的习惯，这样有助于今后源程序的阅读和维护。

3.4.2.2　相关指令

MCS-51 单片机汇编语言，包含两类不同性质的指令：基本指令和伪指令。

（1）基本指令：即指令系统中的指令。它们都是机器能够执行的指令，每一条指令都有对应的机器码。

（2）伪指令：汇编时用于控制汇编的指令。它们都是机器不执行的指令，没有机器码。

A　伪指令

（1）ORG addr16（汇编起始指令）。伪指令的主要作用是告诉汇编程序在翻译应用程序时有何具体约定。比如：从何处开始，何处结束，某些编程者自己规定的代表什么意思……。它并不是单片机本身的指令，不要求 CPU 进行任何操作，也不占用程序存贮器空间。真指令占用程序存贮器空间。

ORG 指令是用来指明后面程序或数据的存放起始地址，它总是出现在每段程序的开始，举例：

ORG 0000H

Main：clr P0.0;本条及之后的指令存放在从 0000H 地址开始的连续单元中

…

注意：在一个程序中可以多次使用 ORG 指令，以规定不同程序段或数据块的起始位置，所规定的地址从小到大，不能重叠。

（2）END（汇编结束指令）。该指令只放在应用程序的最后，作为汇编结束命令。

伪指令还有定义字节伪指令 DB，定义双字节伪指令 DW，赋值伪指令 EQU、定义位地址符号伪指令 BIT 等，后面会继续阐述。

B　位操作类指令

"位"，假设一位就是一盏灯。一盏灯的亮、灭或者一根线中电平的高、低，能表示成两种状态：0 和 1。这就是一个二进制位，所以我们把一根线称之为一"位"，用 BIT 表示。

（1）位清零指令：指定位存储单元的数为 0。

CLR bit　　　；bit←($\overline{\text{bit}}$)

bit 是位的地址，可用位的名称来代替，如 P0.0、P0.1。

举例：CLR P0.0　；将 P0.0 清零（使 P0.0 输出低电平）。

（2）位置 1 指令：指定位存储单元的数为 1。

SETB bit　　　；bit←($\overline{\text{bit}}$)

3.5　相　关　链　接

USB 转串口驱动的安装。双击 USB 驱动 SERIAL 程序的 CH341SER.EXE ，跳出安装页面，如图 3-16 所示。

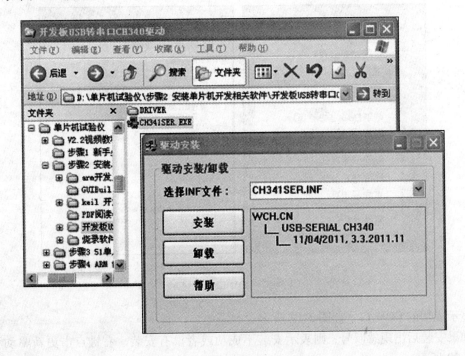

图 3-16　USB 转串口驱动的安装

点击安装后稍等一会，待安装成功后，会出现驱动安装成功的提示画面，如图 3-17 所示。

点"确定"结束安装过程。

成功安装完驱动程序后，把开发板与电脑连接可以查看设备管理器中的 COM 口。右键点击图标"我的电脑"→ 管理 → 设备管理器 →端口（这里以 Windows XP 系统为例，WIN 7 等系统与其相似，找到设备管理器），如图 3-18 所示。

图 3-17 USB 转串口驱动安装成功

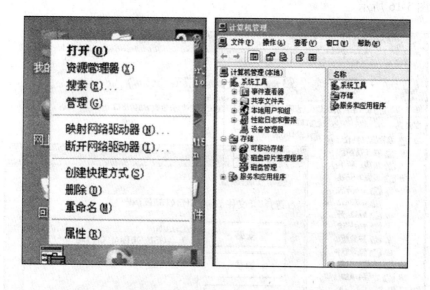

图 3-18 COM 口路径显示

显示成功的 COM 口，如图 3-19 所示。

如果安装后出现感叹号，则表示安装不成功或者没有安装、右键点击更新驱动程序，如图 3-20 所示。

选择"从列表或指定位置安装（高级）"，如图 3-21 所示。

出现如图 3-22 所示的对话框，选择"不要搜索"，自己选择安装点击"下一步"后，出现如图 3-23 所示的新硬件向导的窗口。

点击"下一步"，出现如图 3-24 所示的对话框，点击"从磁盘安装"。

点击"浏览"到 USB 驱动文件夹找到安装文件打开（见图 3-25）。

在图 3-26 所示的厂商文件复制来源中选择路径后，再按"确定"。

最后点击"完成"安装结束（见图 3-27）。

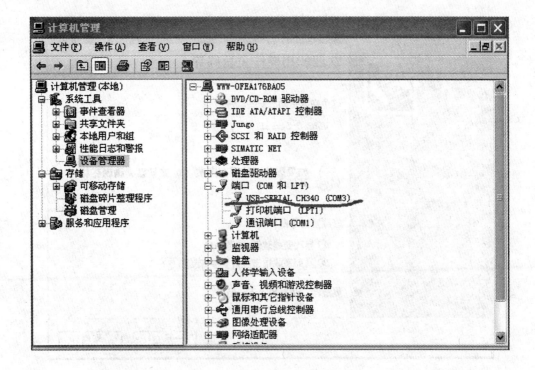

图 3-19 COM 口路径显示

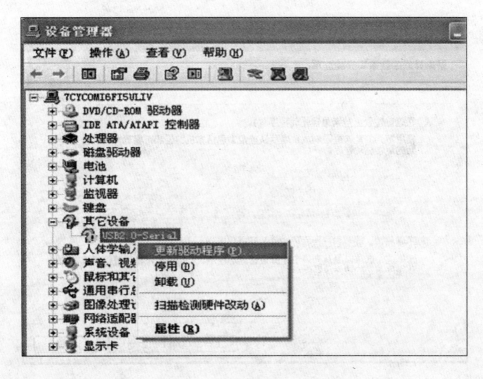

图 3-20 COM 安装不成功显示

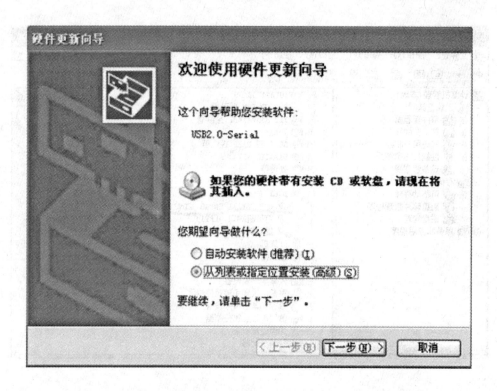

图 3-21　从列表或指定位置安装图

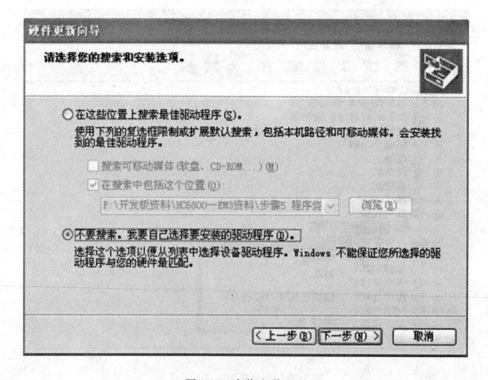

图 3-22　安装选项显示

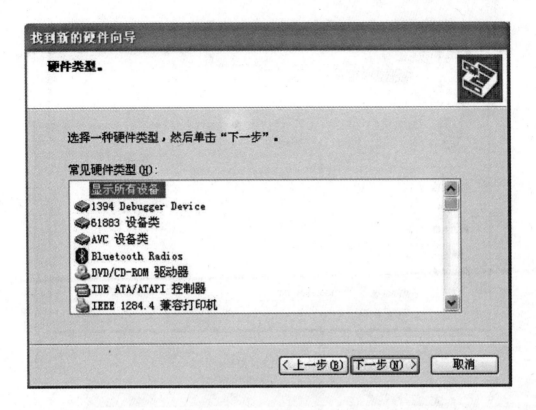

图 3-23　硬件类型显示

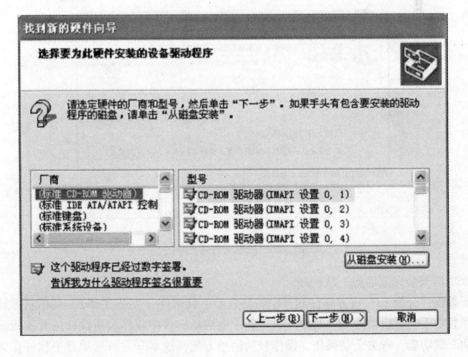

图 3-24　磁盘安装显示

图 3-25　安装文件路径显示

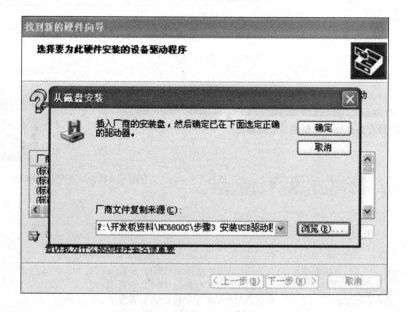

图 3-26　磁盘安装路径确定

USB 口安装完成后应下载程序。

下载软件分为 STC 官方软件和普中科技自动下载软件（见图 3-28）。利用官方软件下载程序需要手动重启单片机，给单片机重新上电启动；普中软件及所设计的开发板实现了全自动下载功能，省去手动操作，操作较为简单方便，故本开发板选用普中软件作为下载软件。

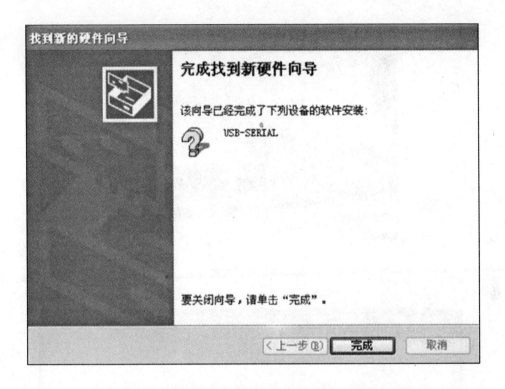

图 3-27 USB 口安装完成页面

图 3-28 下载软件图标

下载接口分为 USB 口和 DB9 串口（见图 3-29）。

下面就来看看下载程序的方式。

（1）USB 口，普中软件。插上 USB 口，打开开发板上的电源开关。然后双击 ![PZISP自动下载软件.exe] 打开下载软件，如图 3-30 所示。

在 USB 转串口驱动安装成功后，打开软件应该有串口号，如图 3-30 所示。

（2）点击"打开文件"，找出所建工程中的 .hex 文件，我们刚才保存的是 11. hex。打开后，在文件名处会显示：文件路径和代码大小，如图 3-31 所示。

（3）再次确认芯片类型选择 STC90C5XX，如图 3-32 所示；若选择芯片与所用芯片类

图 3-29　串口实物图

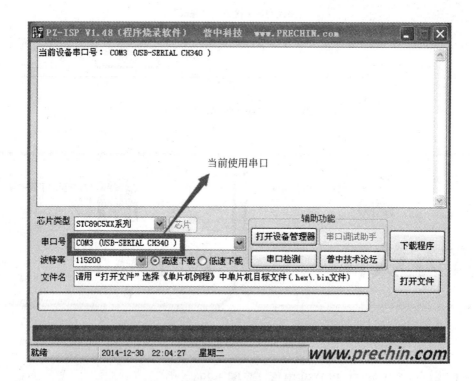

图 3-30　普中软件窗口

型不符将导致下载失败。本仿真板在下载过程中选择低速下载，同时需要把开发板中 J0 跳线帽拔掉，设置成 USB 接口，如图 3-33 所示。

　　检查无误后点击下载程序，紧跟着打开仿真板电源（这个很重要，不能漏掉），程序开始写入单片机芯片，这就是我们常说的烧录了。烧录完成跳出图 3-32 页面，说明数据下载成功。

　　注意：下载成功继电器工作会有细微的啪啪响声，属正常现象，并非故障。

图 3-31 打开 .hex 文件

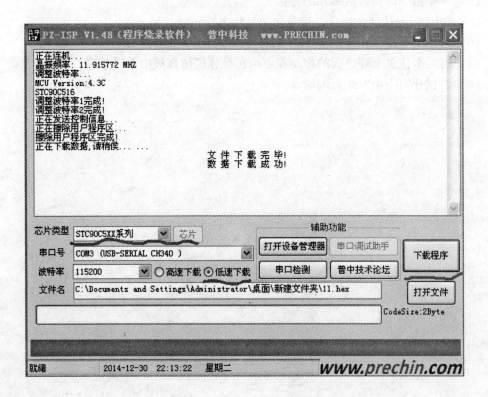

图 3-32 程序下载成功页面

图 3-33   USB 口接线

3.6 动 动 手

（1）将单片机 P0 口用于输出时，需要注意什么？

（2）发光二极管的特点是什么？

（3）想一想，用 Keil 进行程序汇编有哪几步？

（4）一条指令语句包括哪几部分？

（5）ORG 指令是什么指令，指令含义是什么？

（6）写出清零指令和置 1 指令。

（7）写一个让 3 个灯熄灭的控制程序，在单片机仿真板中看看效果。

（8）尝试让第一个发光管闪烁。

项目4 LED 闪光灯的制作

4.1 项目目标

(1) 了解闪烁电路的工作原理；
(2) 理解时序的相关概念，掌握延时程序中的时间计算；
(3) 掌握延时程序的编程格式，熟练运用延时程序；
(4) 掌握项目相关指令的作用及使用方法。

4.2 项目内容

项目3的程序实在是太单调了，有会闪的 LED 灯吗？

LED 灯的闪烁控制。

这个程序大家一定要弄懂，它涉及延时问题，这在单片机中是个非常重要的知识点，属于单片机的一个核心问题，懂了这个程序，才算是真正走进单片机领域。

怎样才能让灯闪起来呢？实际上就是要灯亮一会儿，再灭一会儿，也就是把上一个项目说到的 SETB 指令和 CLR 指令都用上。这两句指令为：

CLR P0.0
SETB P0.0

灯闪了吗？把程序烧入单片机运行，发现灯一直是亮的，没有任何变化。这是因为计算机执行指令是以微秒为单位的，也就是 10^{-6} s，那有多快！计算机执行 CLR P0.0 指令，灯灭了，再执行 SETB P0.0 指令，灯又亮了，肉眼根本分不出来；而且执行完这两句计算机就停止了，没有其他指令给它执行，所以不会闪烁。

那怎么办？

问题有两个，一是时间太快？把它延长一点；二是不会闪烁？可让两条指令重复执行，这样应该可以闪了。

接下来详细讲解这个例程。

4.3　项 目 制 作

4.3.1　电路原理图

电路原理图（见图 4-1）和上一个项目是一样的，重点是在 P0.0 口中给出的信号是高电平还是低电平，所以程序编写才是关键。

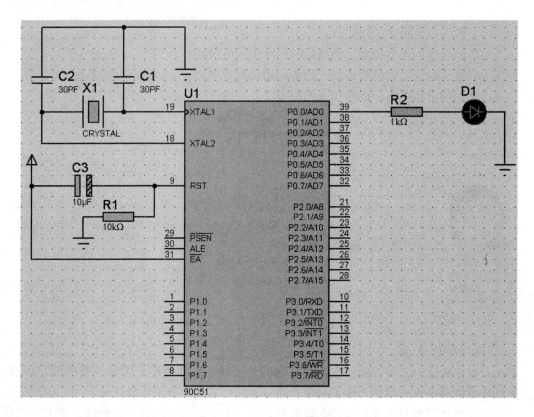

图 4-1　一灯闪烁电路原理图

4.3.2　程序编写

要实现项目的要求，程序的编写就必须包括几个步骤：灭灯—延时—亮灯—延时—循环。重点是延时的时间由什么来确定？我们先试着写一个闪烁程序，让灯灭 10 ms 再亮 10 ms，如此循环不断。

参照上一项目，建立项目文件夹（文件名定为 led. asm），生成以 "led" 命名的源文件；编写程序并输入调试。

在程序中，org 000h 和 end 都是伪指令，程序的第一行是 org，程序的最后一行是 end，这两个都不是真的指令，org 告诉我们程序从这里开始，end 告诉我们程序到此结束，"伪指令" 说的就是它们了。clr P0.0 和 setb P0.0 分别是清零和置 1 指令，让灯灭或亮；acall delay 是调用延时的；ajmp start 是跳回标号为 start 的位置重新执行，实现循环；这一部分我们称为"主程序"。下面框起来的一大块都是用来延时的，这一部分我们称为"子程序"（见图4-2）。这个小程序可以让灯灭 10ms 或亮 10ms。

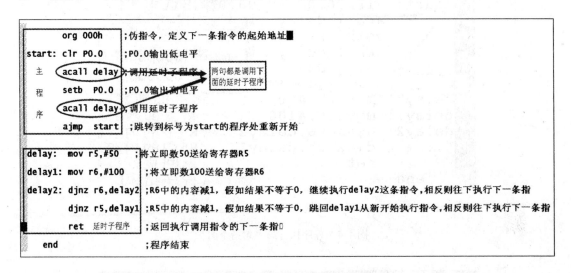

图 4-2　一灯闪烁汇编程序

4.3.3　程序调试、保存及仿真

点击 ▦ 编译，留意输出窗口（见图4-3），显示无错误，无警告则可以保存；要是有错误就要重新调整。

```
构造目标 'Target 1'
正在汇编 一灯闪.asm...
连接中...
正在从 "一灯闪" 产生 HEX文件...
"一灯闪" - 0 错误(s), 0 警告(s).
```

图 4-3　一灯闪烁编译输出窗口

点击 ▦ 进入调试，点击 ▦ 进入跟踪调试，跳出如图4-4所示的调试页面。

留意黄色箭头，可以看到 Org 000h 这句伪指令箭头是没有指到的，也就是计算机不读伪指令；计算机是从 start：clr P0.0 这句开始执行的，执行完后光标跳到第二句 acall delay，输出口的显示框中 P0.0 由高电平变为低电平，灯灭（见图4-5）。

注意：▦ 是跟踪调试，▦ 是单步执行，▦ 是全速运行。要让黄色箭头进入延时子程序，就要用 ▦，否则不能显示延时子程序的运行；▦ 在调试中只在主程序中运行，不进入子程序；▦ 是针对运行时间较长，希望直接运行到结果处使用的，习惯上我们会把它和断点一起用。

点击 ▦ 或按 F11，程序执行 acall delay 这一句，箭头指到子程序 delay 处，准备运行

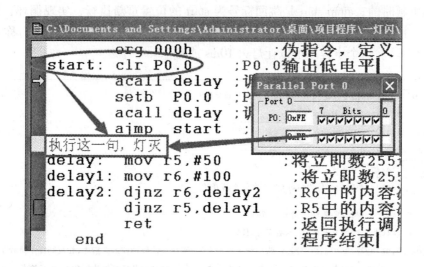

图 4-4　程序执行第一句指令图

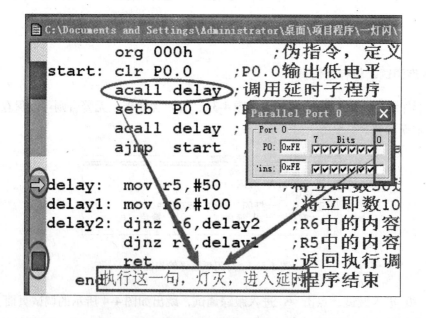

图 4-5　程序执行第二句指令图

子程序。

　　双击 ret 所在的句首位置，在该指令前出现红色断点；点击 ▣，运行延时子程序，箭头跳到断点处（见图 4-6）。

　　点击 ▣ 或按 F11 两次，程序执行 setb P0.0 这一句，P0.0 由低电平变回高电平，灯亮，箭头指到 acall delay 处（见图 4-7）。

　　点击 ▣ 或按 F11，箭头跑到子程序位置，点击 ▣，运行延时子程序（见图 4-8）。

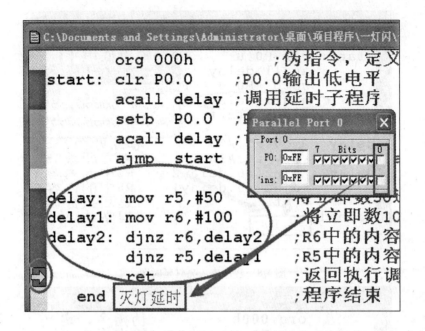

图 4-6 程序进入灭灯延时图

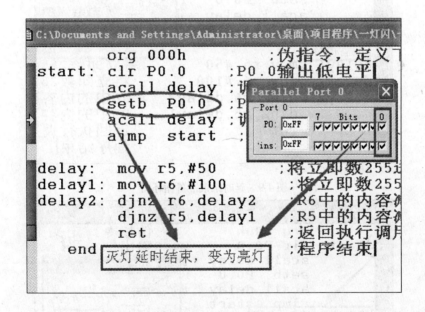

图 4-7 程序执行第三句指令图

以上几步，实现了 LED 灯灭，LED 灯亮的一次闪烁过程，我们还要看它能不能实现循环，一直闪烁。继续点击 ，箭头会跳到 ajmp start 处，如图 4-9 所示。

点击一次 ，箭头跳回 start：clr P0.0，程序开始循环，如图 4-10 所示。

再次点击 结束调试。

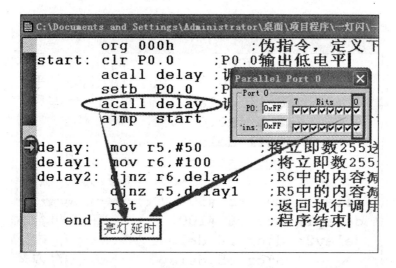

图4-8　程序进入亮灯延时图

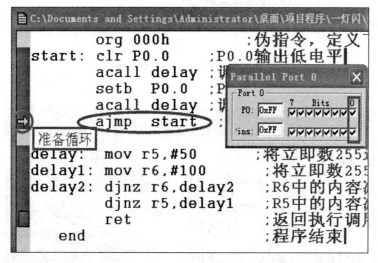

图4-9　延时结束准备循环图

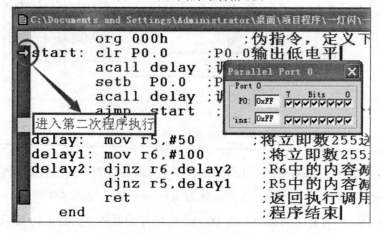

图4-10　程序准备循环图

4.3.4　硬件调试

连接方法：JP10 接线端的 P0.0 和 J12 的任一个接口（LED 灯）用跳线连接起来，如图 4-11 所示。

图 4-11　仿真板接线图

4.3.5　效果演示

打开普中烧录软件，参照上一个项目将编译后的文件打开下载到单片机芯片，接通电源，P0.0 口所接的 LED 灯就会一闪一闪的（见图 4-12）。下面是同一个灯 D11 连拍的效果图，灯闪得比较快，大家尝试把时间调长点，闪烁的效果会明显些。

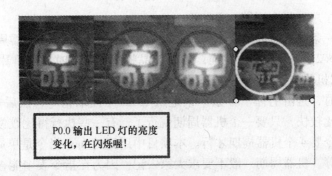

图 4-12　LED 闪烁演示图

4.4　知　识　点

在上面给的程序里，时间计算很重要，在单片机里时间和什么有关系呢？

4.4.1　和时间有关的几个概念

（1）时钟周期：单片机时钟振荡电路的振荡周期，通常是指为单片机提供时钟脉冲信号的振荡源的周期，也就是所用晶振的频率 11.0592MHz。

（2）状态周期：每个状态周期为时钟周期的 2 倍，是振荡周期经二分频后得到的。

（3）机器周期：单片机执行一种基本操作所用的时间，一个机器周期包含 6 个状态周期 S1~S6，也就是 12 个时钟周期。

（4）指令周期：指 CPU 完成一条操作所需的全部时间。每条指令执行时间都是由一个或几个机器周期组成的。MCS-51 系统中，有单周期指令、双周期指令和四周期指令（见图 4-13）。

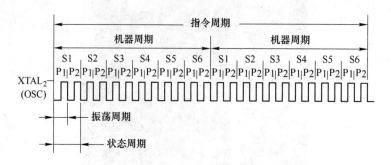

图 4-13　MCS-51 单片机各种周期的相互关系

假设 MCS-51 单片机外接晶振为 12MHz 时，则单片机的四个周期的具体值为：

$$振荡周期 = \frac{1}{12MHz} = 1/12\mu s = 0.0833\mu s$$

$$状态周期 = \frac{1}{12MHz} \times 2 = 1/6\mu s = 0.167\mu s$$

$$机器周期 = \frac{1}{f_{soc}} \times 12 = \frac{1}{12 \times 10^6} \times 12 = 1\mu s$$

$$指令周期 = 1 \sim 4\mu s$$

单片机执行一条单机器周期指令所用时间为 1μs；执行一条双机器周期指令所用的时间为：机器周期 ×2 = 2μs。如此类推，若外接晶振为 6MHz 时，则单片机的机器周期为 2μs，执行一条双机器周期指令所用的时间为 4μs。

计算机工作时，是由上往下一条一条地从 ROM 中读取指令，然后一步一步地执行，有些指令执行得比较快，只要一个机器周期就行了，有一些执行得比较慢，需要 2 个机器周期，还有些指令要 4 个机器周期才行。本项目中用到的 mov 指令是单周期指令，djnz 指令是双周期指令等。机器周期一般不要求大家去记，因为在指令表中能查得到，在仿真中也可以看到，常用的指令用多了自然而然就记住了。

4.4.2　延时程序的设计

4.4.2.1　延时时间的计算

延时程序的延时时间等于延时程序段中所有指令的执行时间的总合。例如下面的延时

程序的延时时间计算为 $(f_{soc} = 12\text{MHz})$:

DELAY:	MOV R6,#200	; 1个机器周期×1μs = 1μs
DELAY1:	DJNZ R6,DELAY1	; 2个机器周期×1μs×200 = 400μs
	RET	; 1个机器周期×1μs = 1μs

延时程序的延时时间 = 1 + 400 + 1 = 402μs

假如想让时间长一点,可以多用几次 MOV 和 DJNZ 指令,如:

DEL:	MOV R3,#255	; 1μs
DEL1:	MOV R4,#250	; 1μs
DEL2:	DJNZ R4, $	; 2×1×250 = 500μs
	DJNZ R3,DEL1	; (500 + 1 + 2)×255 = 128265μs
	RET	; 1μs

执行这个延时程序的延时时间 = 1 + 1 + 128265 + 1 = 128268μs;时间多了很多。

注意:" $ "指的是当前指令语句,"DJNZ R4, $ "和"DJNZ R4, DEL2"意思一样,都是 R3 中的内容减 1 不为 0 时执行本指令,直到 R3 中的内容为 0 时才执行下一条指令。

4.4.2.2 延时时间在 Keil 中的变化观测

以本项目程序为例,分析执行各条指令所用的周期数和时间。为了方便观测,我们把 Keil 软件中的晶振频率设为 12MHz(见图 4-14),那每执行一个机器周期用时就是 1μs。

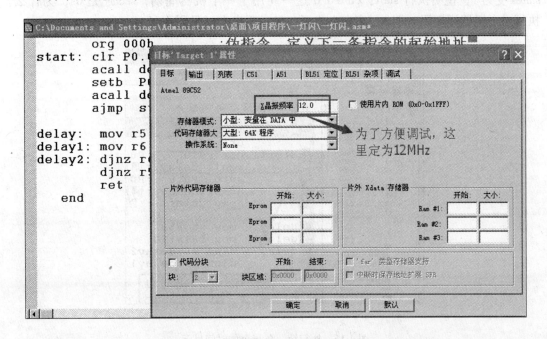

图 4-14 晶振频率设定

点击 进入调试,箭头停在第一句 start:clr P0.0,在左边的调试窗口可以看到 states = 0、sec = 0s,计算机在这个时候没有执行任何指令,所以周期数 states 为 0,时间

sec 也为 0。在调试过程中，时间是以秒为单位的，一定要记得 $1\mu s = 1 \times 10^{-6}$ s（见图 4-15）。

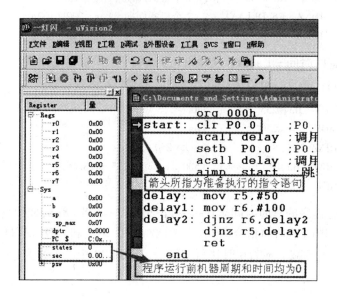

图 4-15　初始状态下的时间显示

点击 ，start：clr P0.0 该句指令执行完毕，箭头跑到 acall delay 指令语句位置，states 变为 1，说明执行 start：clr P0.0 这一句用了一个机器周期，sec 还是 0s，为什么？执行一个机器周期用时 $1\mu s$，实在太小了，显示不出来（见图 4-16）。

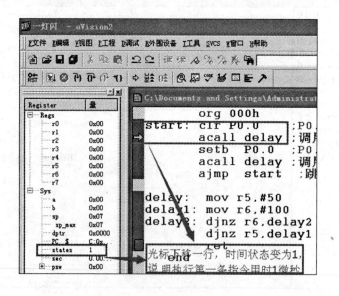

图 4-16　执行第一条指令的时间显示

点击 ，acall delay 该句指令执行完毕，箭头跑到延时程序 delay 前，states 从 1 变为 3，说明执行 acall delay 这一句用了 2 个机器周期，用时 $2\mu s$（见图 4-17）。

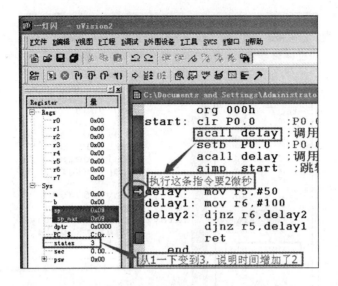

图 4-17　执行第二条指令的时间显示

　　延时程序时间有点长，要是一直点击 📷 会很麻烦，所以设好断点，直接点击 📷 ，程序运行，箭头会停在断点处。states 从 3 变为 205（见图 4-18），说明执行 delay：mov r5，#50 到 delay2：djnz r6，delay2 这 3 句程序用了 202 个机器周期，用时 202μs。

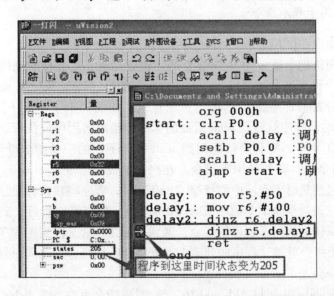

图 4-18　执行前三条延时指令的时间显示

　　把断点设在 ret 位置，直接点击 📷 ，可以看到整段延时程序的运行时间。程序运行，箭头停在断点处，states 从 3 变为 10154（见图 4-19），说明执行延时子程序用了 10154 个机器周期，用时约为 0.01s，也就是 10ms 了。

　　时间的计算有点麻烦，不要害怕，编程总是会碰到各种各样的问题，多试几次就好了。

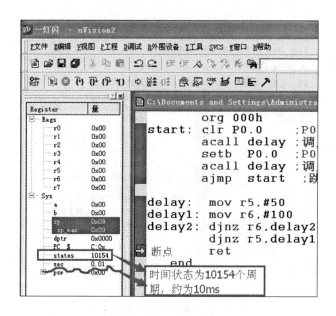

图 4-19　执行延时子程序的时间显示

4.4.3　项目相关指令

4.4.3.1　调用子程序指令

调用子程序指令：LCALL，ACALL。

第二条和第四条指令是 acall delay，它的用途是延时，是怎样实现的呢？指令的形式是 acall，这条指令称为绝对调用指令，指令后面跟的是 delay，找一下 delay，在延时子程序的开头，还带着冒号，显然，delay 是一个标号。让我们来了解一下这条指令的作用：当执行 acall 指令时，程序就转到 acall 后面的标号所指定的程序处执行，如果在执行指令的过程中遇到 RET 指令，则程序就返回到 acall 指令下面的一条指令继续执行。看一看，从 delay 开始的指令中，确实有 RET 指令。在执行第二条指令 acall delay 后，将转去执行延时子程序，当遇到延时子程序中的指令"RET"时，程序将在执行完该条指令后返回到主程序里执行第三条指令 setb P0.0，即将 P0.0 置 1，使灯亮，然后又到第四条指令，执行第四条指令后又转去执行子程序的指令，遇到"RET"后又回到主程序执行第 5 条指令 ajmp start，第 5 条指令就是让程序回到第 1 条重新开始执行，如此周而复始，灯就在持续地灭一会儿、亮一会儿了。

（1）子程序长调用指令 LCALL addr16 。长调用指令可在 64K Bytes 范围内调用子程序，即地址 0000H ~ FFFFH。当遇到子程序返回指令 RET 后单片机将堆栈中保存的地址弹出，并据此继续主程序的执行。

（2）子程序绝对调用指令 ACALL addr11。绝对调用指令又称短调用指令，可在指令所在的 2K 范围内调用子程序。

ACALL 与 LCALL 的执行机制相同，唯一的不同就是调用目标地址范围不同。如果判断子程序目标地址在 2K Bytes 范围内，应当尽量使用 ACALL 指令以减少程序存储空间的浪费。还有一条 call 指令，是调用子程序指令，如果单片机支持 CALL 指令（如 AT89S51 就支持），完全可以使用 CALL 来笼统地调用子程序，因为它会自动判断调用的范围从而选择是使用 1 个字节还是 2 个字节来指向子程序的目标地址。我们的程序比较短，大家可以尝试一下把 acall 改成 lcall 或 call，比较一下运行结果是否一样。

4.4.3.2　无条件跳转指令

无条件跳转指令：LJMP、AJMP、SJMP、JMP。

程序里面有一句 ajmp start，ajmp 是一条指令，意思是转移，往什么地方转移呢？后面跟的是 start，找一下，start 是在哪里的？找到了，在第一条指令的前面有一个 start，所以我们马上就认识到它是要转到第一条指令处，很直观。还记得吗，这个放在指令前面的带冒号的 start 被称之为标号，和上面说的 delay 一样，它的用途就是给这一行起一个名字，便于使用。起什么名字，由编程序的人决定，但是要记得，名字改变了，ajmp 指令后面的名字也得跟着改，要不然计算机在执行程序时就不知道要转移到哪儿了，会出错的。

除了 AJMP，还有 LJMP、SJMP、JMP，都是无条件跳转指令时，当程序在执行过程中碰到这些指令时单片机会立即跳到特定地址上执行，并不需要判断什么情况。

（1）长跳转指令 LJMP addr16，可在 64K 范围内跳转。

（2）绝对跳转指令 AJMP addr11，可在指令所在的 2K 范围内跳转。

（3）相对跳转指令 SJMP rel，可在当前 PC – 128 与 + 127 范围内跳转。

（4）间接长跳转指令 JMP @ A + DPTR，可在以 DPTR 为基址 + A 为偏移量之和所指向的 64K 程序范围内跳转。

JMP 是一个笼统的跳转指令，它会自动判断跳转的范围从而选择是使用 1 个字节还是 2 个字节来指向跳转的目标地址，在程序中如果不清楚跳转的范围可以简单地使用 JMP 指令。

4.5　相　关　链　接

4.5.1　计算机语言

计算机程序设计语言的发展，经历了从机器语言、汇编语言到高级语言的历程。

（1）机器语言。电子计算机所使用的是由 "0" 和 "1" 组成的二进制数，二进制是计算机的语言的基础。用计算机的语言 "0" 和 "1" 组成的指令序列指挥计算机执行，这种语言，就是机器语言。机器语言使用十分麻烦，特别是在程序有错需要修改时；而且计算机的指令系统也会不同，所以，在一台计算机上执行的程序，要想在另一台计算机上执行时，就会因为指令系统不同而必须另编程序，造成重复工作。但由于使用的是与计算机匹配的语言，执行过程中无需转换故而运算效率是所有语言中最高的。机器语言，是第一代计算机语言。

（2）汇编语言。人们对机器语言进行了改革：用一些简洁的英文字母、符号串替代一个特定指令的二进制串，比如，用"MOV"代表数据传递，"ACALL"代表子程序调用，"ADD"代表加法等，使人们很容易读懂并理解程序在干什么，纠错及维护都变得方便了，这种程序设计语言就称为汇编语言，即第二代计算机语言。但是计算机是不认识这些符号的，它还需要一个专门的程序，专门负责将这些符号翻译成二进制数的机器语言，这种翻译程序被称为汇编程序。

汇编语言要比机器语言好用，汇编语言同样依赖于机器硬件，它采用助记符号来编写程序，用辅助符号代替机器语言的二进制码，把机器语言变成汇编语言，可以直接同计算机的底层软件甚至硬件进行交互。

但是汇编语言也有缺点，像移植性，但因为它的效率十分高，程序精炼而质量高，所以至今仍是一种常用且强有力的软件开发工具。

（3）高级语言。在最初与计算机交流的痛苦经历中，人们意识到，应该设计这样一种语言，这种语言接近于数学语言或人的自然语言，同时又不依赖于计算机硬件，编出的程序能在所有机器上通用。经过努力，1954 年，第一个完全脱离机器硬件的高级语言——FORTRAN 问世了，多年来，高级语言层出不穷，影响较大、使用较普遍的有 C、C#、python、LISP、FoxPro、Pascal、C ++、JAVA、Prolog 等。

高级语言的发展也经历了从早期语言到结构化程序设计语言，从面向过程到非过程化程序语言的过程。相应地，软件的开发也由最初的个体手工作坊式的封闭式生产，发展为产业化、流水线式的工业化生产。

现在用得较多的高级语言是 C 语言，它是一种面向过程的语言，编写者可以不用去考虑硬件而直接去命令计算机达到某种控制效果。C 语言能以简易的方式编译、处理低级存储器、产生少量的机器码以及不需要任何运行环境支持便能运行的编程语言。它把高级语言的基本结构和语句与低级语言的实用性结合起来。可以像汇编语言一样对位、字节和地址进行操作。换而言之，汇编语言更注重描述过程，C 语言之类的高级语言更注重描述结果。

单片机程序可以用汇编语言也可以用 C 语言编写，需要用编译软件将源程序编译为机器码下载到单片机芯片中才能运行。我们用的 Keil 软件就是编译软件的一种。用汇编语言编写的程序开头都是用 ORG 指令带出的，用 C 语言编写的程序开头都是用# include 指令带出的。

4.5.2　指令拓展——位操作类指令

在项目 3 中学习的 CLR 和 SETB 指令均属于位操作类指令，除了这两个，还有一个常用的位操作指令——取反指令。

CPL bit　　　;bit←($\overline{\text{bit}}$)

bit 是位的地址，本指令的意思是对所在位的信号进行取反，即所在位当前信号为高电平时经过 CPL 取反，信号转变为低电平。

例：CPL　P1.0　;将 P1.0 取反。

使用该指令能方便的改变位的信号电平，在本项目中使用该指令也能达到闪烁的效果，同学们可以尝试编写。

4.6 动 动 手

（1）周期与频率有什么关系，推出机器周期和指令周期的计算方法。

（2）调用指令包括哪几个，有什么应用要求？

（3）跳转指令有哪几个，有什么应用要求？

（4）写一个延时程序，让一个发光二极管以间隔200ms的时间闪烁？

（5）尝试让所有发光管以间隔200ms的时间闪烁。

（6）想一想，用 Keil 进行程序汇编有哪几步？

项目 5 流水灯的制作

5.1 项 目 目 标

（1）理解传送类指令的执行过程与寻址方式；

（2）熟练使用传送类指令编程；

（3）掌握循环程序的设计方法；

（4）认识 51 系列单片机存储器的分类及结构；

（5）掌握基本的数制转换。

5.2 项 目 内 容

在上一个项目中，我们学会了主程序的编写和时间的计算，但是只有一个灯在闪，能不能让所有的灯都闪起来？根据前面学的，一个灯闪就用 CLR P0.0；acall delay；SETB P0.0；acall delay；要让同一个端口的八个输出端轮流闪起来，那是不是就要写：

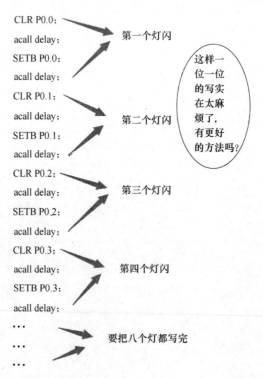

用传送指令来编程。汇编语言中应用最多的一类指令，很重要，大家可要认真掌握，正确的使用可以给程序的运行省下很多时间。

5.3 项 目 制 作

5.3.1 电路原理图

让八个灯都亮起来的电路原理图，如图 5-1 所示。

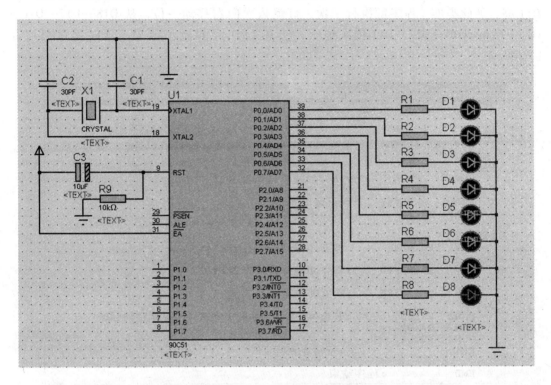

图 5-1 LED 流水灯电路原理图

前面两个项目都只用到一个 LED 显示灯，现在尝试控制八个指示灯，要八个 LED 灯循环点亮，也就是第一个灯点亮—延时—熄灭—延时—第二个灯点亮—延时—熄灭—延时……八个灯都执行一次后第一个 LED 灯再次点亮……周而复始的不断循环。

5.3.2 程序编写

点击"工程"—"新建工程"—在指定位置创建一个文件夹（文件名定为 LED 流水灯 . asm），以"LED 流水灯"命名，用相同的名字作文件名，"保存"—选择芯片类型"89S51"—"确定"—点击"文件"—"新建"出现输入窗口，再点"文件"—"另存为"将 LED 流水灯的后序名改为 . asm，"保存"生成源文件—右键点击"Source Group 1"—"增中文件到 Source Group 1"选择"文件类型"Asm 源文件—选择刚才保存的源文件，"Add"—"关闭"在"Source Group 1"前出现"＋"。

这次的项目我们用大写字母编写，前面指出在程序编写中除了 I/O 端口的输入一定是大写外，其他的输入大小写都可以。主程序中用到了新的指令：传送指令、右移指令，在知识点里会给大家详细分析。程序运行时（见图5-2）通过累加器将十六进制数据0FEH传送到P0端口，使P0端口的八位LED灯按传送数据点亮，将十六进制0FEH转换为二进制11111110，对应八个灯D18、D17、D16、D15、D14、D13、D12、D11的电平分别是高电平1、高电平1、…、低电平0（七个高电平一个低电平），高电平对应的灯亮，低电平对应的灯灭，所以这个时候D11灭灯；程序运行一次，数据右移一位变成01111111（八位数据是循环的），再次传送到P0口，对应八个灯D18灭、D17到D11亮，如此类推，程序每执行一次，灯就依次向右移动一位，从D18—D17—D16—D15—D14—D13—D12—D11依次熄灭，实现LED灯的流水效果。延时程序可以延时200ms。

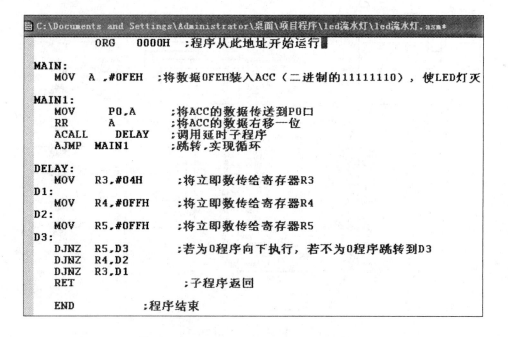

图5-2　LED流水灯程序

5.3.3　程序调试、保存及仿真

点击 🔍 ，进入调试。

点击 📄 调试进入主程序MAIN，将A中的数据传送到P0口，D11对应的灯灭，如图5-3所示。

点击 📄 流水灯程序开始运行，如图5-4所示。

留意黄色箭头经过的地方，会变成绿色方块，说明那些指令已经执行了，如图5-5所示。

点击 📄 ，全速运行延时子程序，可以缩短操作时间，到断点位置程序停止运行。从右边的调试窗口可以看到，延时程序的时间约为200ms，在仿真板上可以很清楚的看到每一个灯的亮灭，如图5-6所示。

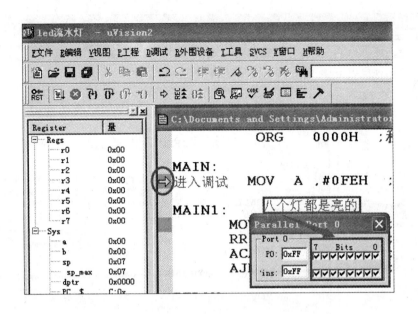

图 5-3　程序进入调试

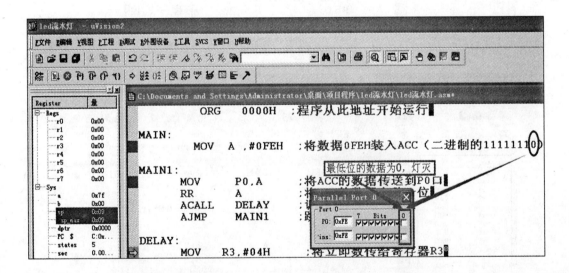

图 5-4　P0 口第一次输出

　　点击 [图标] 重新进入主程序，按 AJMP MAIN1 的要求跳转到 MAIN1 所在位置，将 A 中的数据传送到 P0 口，此时数据已向右移 1 位，变为了 01111111，D11 对应的灯重新点亮，D18 对应的灯灭，如图 5-7 所示。

　　如此反复执行，每一个灯都会依次熄灭，实现流水灯的效果。

5.3.4　硬件调试

　　连接方法：JP10（P0）和 J12（LED 灯）用 8PIN 排线连接起来，如图 5-8 所示。

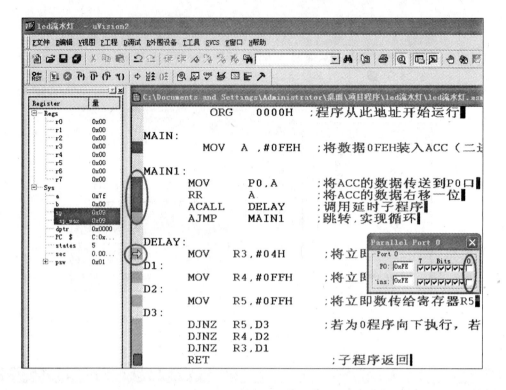

图 5-5　执行主程序

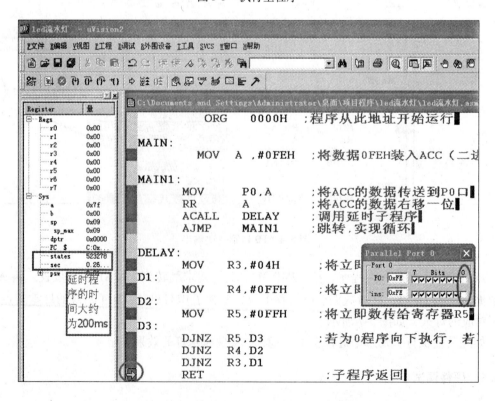

图 5-6　执行延时程序

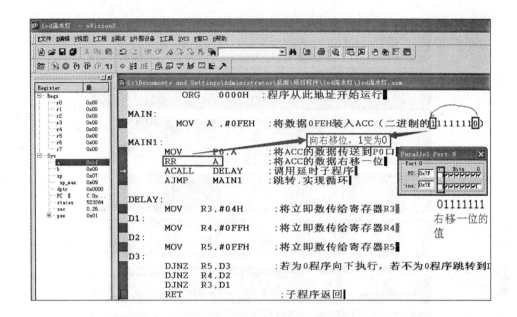

图 5-7　P0 口第二次输出

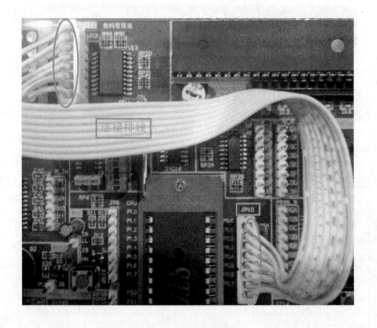

图 5-8　仿真板接线

5.3.5　效果演示

LED 灯由左向右依次熄灭, 如图 5-9 所示。

因为输出的数据不断右移, 所以每次输出的数据都是不同的, 对应的输出数据如表 5-1 所示。

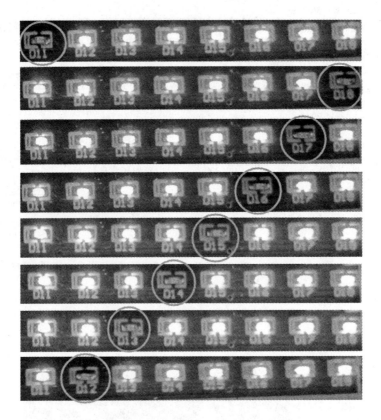

看到吗，LED灯由左往右依次熄灭，这就是流水灯的效果，你可以做出更有意思的吗？

图 5-9　流水灯现象

表 5-1　流水灯现象对应输出数据

对应输出端口	P0.7	P0.6	P0.5	P0.4	P0.3	P0.2	P0.1	P0.0 ➡	P0.7
对应 LED 灯	D18	D17	D16	D15	D14	D13	D12	D11	
	1	1	1	1	1	1	1	⓪	
	⓪	1	1	1	1	1	1	1	
	1	0	1	1	1	1	1	1	
	1	1	0	1	1	1	1	1	数据是循环的，右移
对应的输出数据	1	1	1	0	1	1	1	1	会移到 P0.7，左移会移
	1	1	1	1	0	1	1	1	到 P0.1
	1	1	1	1	1	0	1	1	
	1	1	1	1	1	1	0	1	
	1	1	1	1	1	1	1	1	

5.3.6 材料准备

准备的材料如表5-2所示。

表5-2 流水灯电路元件清单

序 号	元件名称	元件符号	规格/参数	数 量
1	电阻/kΩ	R9	10	1
2	电解电容/μF	C3	10	1
3	陶瓷电容/pF	C1、C2	30	2
4	晶振/MHz	X1	11.0592	1
5	单片机芯片	U1	AT89S51	1
6	IC插座		40脚	1
7	上拉电阻/kΩ	R1～R8	1	8
8	发光二极管/mm	LED1～LED8	φ5	8
9	接线端子		8位	若干
10	导 线			若干

5.4 知 识 点

在前面给的项目里，我们已经习惯了"位"，一盏灯能表示0和1，两盏灯就能表示00、01、10、11四种状态，转换成十进制就是0到3，而三盏灯的状态有000、001、011、100、101、110、111七种，转换成十进制表示0到7，单片机中每组输出口都是8位的，同时计数，就能显示到0～255一共256种状态。这8位称之为一个字节（byte）。这里所说的"位"和"字节"都是计算机中的数据类型。在单片机指令中所有指令都是用"字节"来介绍的：字节的移动、字节的加法、减法、逻辑运算、移位等。

5.4.1 计算机中的数据分类

计算机中的数据包括以下几类：

（1）位（bit）：只有"1"和"0"，计算机所能表示的最小数据单位。

（2）字节（byte）：一个8位二进制数称为一个字节，数据处理的最小单位，即以字节为单位存储和解释信息。10101111 = 一个字节 = 1B。

（3）字（word）：CPU通过内部数据总线一次存取、加工和传送的数据长度称为字；通常一个16位二进制数（2个字节）称为一个字，4个字节称为双字。不同的计算机使用的字长也不一样，常用的字长有8、16、32、64位。

换算关系：

1KB = 2^10 字节 = 1024（字节）

1MB = 2^10 KB = 2^20 字节 = 1024KB = 1048576（字节）

1GB = 2^10 MB = 2^30 字节 = 1024MB = 1073741824（字节）

1TB = 2^10 GB = 2^40 字节 = 1024GB = 1099511627776（字节）

（4）字长（word length）：指字的二进制数的位数。是计算机一次所能处理的实际位数的长度，是衡量性能的重要指标。

8 位微处理器的字长为 8 位，每个字由 1 个字节构成；

16 位微处理器中，每个字由 2 个字节构成；

32 位微处理器中，每个字由 4 个字节构成；

64 位微处理器中，每个字由 8 个字节构成。

8 位二进制的表达范围是 0000，0000 ~ 1111，1111 即十进制的 0 ~ 255，即每次参与运算的数据最大不能超过 255，所以在传送指令中经常写的是 MOV Rn，#255，假如传送的数据超过 255，编译时就会出错。而 16 位机的字长是 16 位，其数据表达范围是 0 ~ 65535，即每次参与运算的数据最大不能超过 65535；32 位单片机的字长是 32 位，其数据表达范围是 0 ~ 4294967295，即每次参与运算的数据最大不能超过 4294967295。

5.4.2　项目相关指令

5.4.2.1　数据传送类指令

数据传送类指令：MOV < dest >，< src >。

数据传送指令以 MOV 为助记符，指令形式中 < dest > 为目的操作数，< src > 为源操作数。< dest > 和 < src > 代表片内数据存储器地址或特殊功能寄存器，指令在进行不同地址空间或寄存器之间装载时不需要通过累加器 A 的参与。

MOV 的意思是传递数据。也就是把数据从一个位置传递到另一个位置，一定要有接受的位置。以指令 MOV R3，#04H 来分析，R3 就是接受位置，04 是被传递的数据，它的意思是将数据 04 送到 R3 中去，因此执行完这条指令后，R3 单元中的值就应当是 4。MOV 指令的几种常用形式为：

（1）MOV A，#data；A←data。

（2）MOV Rn，#data；Rn←data。

（3）MOV direct，#data；direct←data。

具体使用：

MOV A，#0FEH；将立即数 0FEH 送到累加器 A 中。

MOV R3，#04H；将立即数 04H 送到工作寄存器 R3 中。

MOV 33H，#10H；将立即数 10H 载入内部数据存储器地址 33H 上。

在数据前加"#"号表示立即数，就是一个具体的数，如：#0FEH 是一个十六进制的数，转变为二进制数为 11111110B，十进数为 254。上述几条指令都属于立即寻址指令，这类寻址方式比较简单直观。

注意：在汇编语言中，十六进制数作立即数使用时若以字母 A、B、C、D、E、F 开头时，字母的前面要加 0，如 FEH 应写成 #0FEH。

（4）MOV direct，A；direct←（A）。

具体使用：

MOV 31H，A；将 A 中的数据送到内部数据存储器 31H 单元。

MOV P0，A；将 A 中的数据送到特殊功能寄存器 P0 口。

5.4.2.2 累加器 A 位移动操作

累加器 A 位移动操作（见图 5-10）：RL、RLC、RR、RRC。

（1）RL A：累加器 A 左移一位。每次移出累加器 A 的位 7 进入位 0。

（2）RLC A：累加器 A 含进位 CY 左移一位。每次移出累加器 A 的位 7 进入进位 CY 中，而进位 CY 则进入位 0 中。

（3）RR A：累加器 A 右移一位。每次移出累加器 A 的位 0 进入位 7。

（4）RRC A：累加器 A 含进位 CY 右移一位。每次移出累加器 A 的位 0 进入进位 CY 中，而进位 CY 则进入位 7 中。

注意：这 4 条指令用于累加器 A 内部位的移动，这 4 条指令只适用于累加器 A。

具体使用：

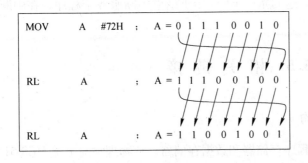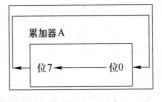

图 5-10　累加器 A 左移现象

5.4.2.3 循环指令

循环指令：DJNZ ＜ byte ＞，＜ rel-addr ＞。

循环可以实现延时、判断等功能，可以让一段程序重复执行若干次，提高程序执行效率。循环指令 DJNZ 执行时，工作寄存器或直接地址内容减 1，如果不等于 0，则程序跳转到 rel 指示地址。在执行 DJNZ 指令前，需要向相关工作寄存器或地址中载入计数值，该计数值就是循环的次数。

以 D3：DJNZ R5，D3 为例来分析这条指令，DJNZ 后面跟着两个参数 R5 和 D3，R5 是 8 个工作寄存器中的一个，（工作寄存器用 Rn 来表示，包括了 R0 ~ R7）；后面还有一个 D3，在哪里呢？D3 在本行的前面，前面已经学过，称之为标号。标号的用途就是给本行起一个名字。DJNZ 指令的执行过程：将 R5 中的值减 1，看一下减 1 后 R5 中的值是否等于 0，如果等于 0，就往下执行，如果不等于 0，就要跳转，跳转到第二个参数 D3 所指定的地方。本条指令的最终执行结果就是，在原地循环 0FFH 次，这个 0FFH 是十六进制的数，转换成十进制就是 254 次了。R5 里的值是由上一条指令 MOV R5，#0FFH 来决定的。这条指令也可以写成 D3：DJNZ R5，$，$ 的意思在汇编语言里是本处，所以两者的含义是一样的。

执行完 DJNZ R5，D3 之后（也就是 R5 的值等于 0 之后），就会去执行下面一条指令 DJNZ R4，D2，大家可以自己试试分析这句指令。

DJNZ 的两种常用形式：

（1） DJNZ direct，rel；

（2） DJNZ Rn，rel。

将 direct（或 Rn）里的内容减 1，结果不等于 0 就跳转；等于 0 则不跳转，继续往下执行。

5.4.2.4　返回指令

返回指令：RET、RETI。

当子程序或中断服务子程序执行完后，需要返回指令告诉单片机返回主程序。返回指令是必需的，否则单片机不知道子程序是否执行完。

返回指令 RET 用于子程序的末尾，提示子程序结束，以返回主程序。前面所有调用子程序的程序中都使用 RET 返回。返回指令 RETI 用于结束中断服务子程序，在中断服务子程序末尾都会有 RETI 指令。

5.5　相 关 链 接

5.5.1　MCS-51 单片机存储器结构

MCS-51 单片机的存储器分为程序存储器和数据存储器。从物理空间上看 MCS-51 单片机有四个存储器地址空间。如图 5-11 所示，分别是内部程序存储器、外部程序存储器、内部数据存储器和外部数据存储器。

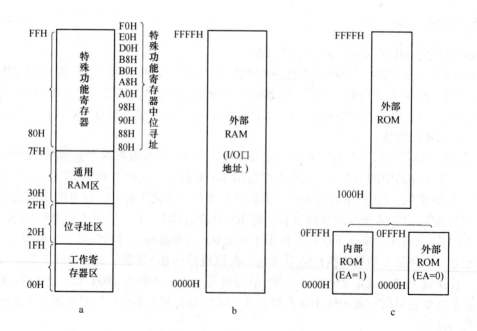

图 5-11　MCS-51 单片机存储器结构

a—内部数据存储器；b—外部数据存储器；c—程序存储器

5.5.2 程序存储器

程序存储器 ROM 的结构如图 5-11c 所示，包括片内和片外程序存储器两部分。主要用来存放编好的用户程序和表格常数。

8051 单片机以 16 位的程序计数器 PC 作为地址指针，故寻址空间为 64KB，片内外统一编址，寻址范围是 0000H~FFFFH。有内部程序存储器的单片机，在正常运行时，应把 EA 引脚接高电平，使程序在 0000H~0FFFH 地址范围执行片内 ROM 中的程序，当 PC 值超过内部程序存储器的容量在 1000H~FFFFFH 地址范围时，会自动转向执行片外程序存储器中的程序；对这类芯片，若把 EA 接低电平，可用于调试状态，把调试程序放置在与内部程序存储器空间重叠的外部存储器内。无内部程序存储器的芯片（如 8031），EA 应始终接低电平，迫使系统从外部程序存储器 0000H 开始执行程序。

程序计数器 PC，它用于指示单片机下一条将要执行的代码的地址。当单片机上电复位时，PC=0000H，即指向程序存储器中的 0000H，单片机就把 0000H 上的代码取出执行。之后 PC 自动增加 1，变成 0001H。

5.5.3 数据存储器

5.5.3.1 内部数据存储器

为了指示机器到片内 RAM 寻址还是到片外 RAM 寻址，单片机设计者为用户提供了两类不同的传送指令：

MOV：指令用于片内 00H~FFH 范围内的寻址；

MOVX：指令用于片外 0000H~FFFFH 范围内的寻址。

MCS-51 单片机的片内数据存储器共 256 个字节，分为 4 部分，如图 5-11a 所示的内部数据存储器。

00H~1FH 单元共 32 个字节作为通用工作寄存器区。32 个字节分成 4 个组，每个组含 8 个 8 位通用工作寄存器，分别是 R0~R7，当前只能使用其中的一个组，由程序状态字寄存器 PSW 中的两位来确定使用哪一个组。在下面的 PSW 里有说明。

20H2~FH 单元共 16 个字节除可按字节寻址外，还可按位寻址，称为位寻址区。

30H~7FH 单元共 80 个字节专用于存储数据，称为用户数据存储器区（通用 RAM 区）。

80H~FFH 单元共 128 个字节为特殊功能寄存器区（SFR）。在特殊功能的寄存器区离散分布着程序计数器 PC 和 21 个特殊功能的寄存器，而其他单元则不能使用。表 5-3 列出了这 21 个专用寄存器的助记标识符、名称和地址。

表 5-3 专用寄存器

符 号	物理地址	名 称	符 号	物理地址	名 称
*ACC	E0H	累加器	DPL	82H	数据指针低八位
*B	F0H	B 寄存器	DPH	83H	数据指针高八位
*PSW	D0H	程序状态字	*P0	80H	通道0
SP	81H	堆栈指针	*P1	90	通道1

符 号	物理地址	名 称	符 号	物理地址	名 称
* P2	A0H	通道 2	TL0	8AH	定时器 0 低八位
* P3	B0H	通道 3	TH1	8DH	定时器 1 高八位
* IP	B8H	中断优先级控制器	TL1	8BH	定时器 1 低八位
* IE	A8H	中断允许控制器	* SCON	98H	串行控制器
TMOD	89H	定时器方式选择	SBUF	99H	串行数据缓冲器
* TCON	88H	定时器控制器	PCON	87H	电源控制器
TH0	8CH	定时器 0 高八位			

注：* 可按字节和按位寻址，它们的地址正好能被 8 整除。

这些专用寄存器分别用于以下各功能单元：

ACC、B、PSW、SP、DPTR 用于 CPU；

P0、P1、P2、P3 用于并行接口；

IE、IP 用于中断系统；

TMOD、TCON、TL0、TH0、TL1、TH1 用于定时/计数器；

SCON、SBUF、PCON 用于串行接口。

下面介绍程序计数器 PC 和部分特殊功能寄存器，其余在后面的项目中分述。

（1）程序计数器 PC。PC 在物理结构上是独立的，它是一个 16 位寄存器，用来存放下一条要被执行指令的首字节地址。它不属于特殊功能寄存器。

（2）累加器 ACC。使用最频繁的专用寄存器，许多指令的操作数取自 ACC，中间结果和最终结果也常存于 ACC 中。在指令系统中 ACC 简记为 A。它的名字特殊，身份也特殊，在我们学到的指令中，所有的运算类指令都离不开它。

（3）寄存器 B。在乘、除法指令中，用到 B 寄存器，乘除法指令中的乘数、除数分别取自 A 和 B，结果存于 A 和 B 中。不做乘除法运算时，B 寄存器也可作为一般寄存器使用。

（4）程序状态字寄存器 PSW。PSW 也称为标志寄存器，它是一个 8 位寄存器，用于指示指令执行的状态（见图 5-12）。

各位的含义为：

CY 或 C：进位标志，如果发生进位或借位时，CY = 1，否则 CY = 0，在布尔运算中它作为 C 累加器。通常用于表示 Acc.7 是否向更高位进位。8051 中的运算器是一种 8 位的运算器，我们知道，8 位运算器只能表示到 0 ~ 255，如果做加法的话，两数相加可能会超过 255，这样最高位就会丢失，造成运算的错误，解决的方法就是让最高位进到这里来。

AC：辅助进位标志，也叫半进位标志。用于表示 Acc.3 是否向 Acc.4 进位或借位，当 AC = 1 时表示低半字节向高半字节有进位或借位，否则，AC = 0。

F0：用户标志，留给用户，由用户置位、复位。

RS1、RS0：寄存器区选择，可用软件置位、复位，确定当前的工作寄存器区。

OV：溢出标志。有溢出时 OV = 1，否则，OV = 0。

P：奇偶标志，用于表示累加器 A 中 1 的个数的奇偶性。若 A 中有奇数个 1，则 P 置

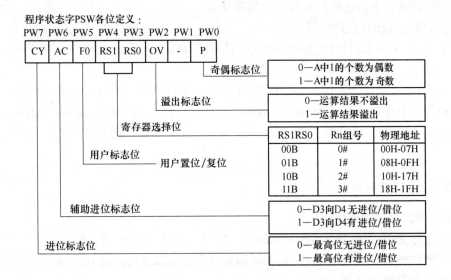

图 5-12   程序状态字 PSW

位,否则清 0。

(5) 堆栈指针 SP。堆栈是在内存中专门开辟出来并按照"先进后出,后进先出"的原则进行存取的区域。常用来保存断点地址及一些重要信息,堆栈指针 SP 用来指示栈顶的位置。8051 单片机复位后,SP 的初值为 07H,当有数据存入堆栈后,SP 的内容便随之发生变化。

(6) 数据指针 DPTR。它是 16 位特殊功能寄存器,主要用于存放外部数据存储器的地址,作间址寄存器用,也可拆成两个独立的 8 位寄存器 DPH 和 DPL,其高位字节寄存器用 DPH 表示,低位字节寄存器用 DPL 表示。

DPTR 和 SP:DPTR 数据指针主要用来寻址,存储的是空间地址,因此可寻址存储 64K 的范围。SP 堆栈指针,主要用来调用子程序或者进入中断的时候保存当前的寄存器内的数据,和当前程序计数器值。在程序返回后把内容弹出,回到断开的程序段处继续执行。

(7) 通道 P0、P1、P2、P3。P0、P1、P2、P3 是四个并行输入/输出口的寄存器,它里面的内容对应着管脚的输出,也是特殊功能寄存器的一份子,例如指令"MOV P1,#00H",这条指令把立即数 00H 从 P1 口送出去。P1 的地址为 90H。所以指令"MOV P1,#00H"就是对特殊功能寄存器的操作,会让特殊功能寄存器区的(90H)=00H。在流水灯的操作中有很多这样的指令。

5.5.3.2   外部数据存储器

MCS-51 的外部数据存储器和 I/O 口都在这一地址空间,地址空间 64K,它的地址和 ROM 重叠,由 PSEN 选通 ROM,由 RD 选通 RAM。在软件上,用不同的指令从 ROM 和 RAM 中读数据,就不会因地址重叠而出现混乱。

5.5.4   数制的认识

在单片机中经常会碰到二进制转换成十进制或十六进制,十进制转换二进制等,这些都是数制的转换，下面让我们来看几个基本概念：

（1）计数：数的记写和命名方法。

（2）数制：不同的计数规则构成了不同的进位数制。

（3）基数：一个数制所使用数码的个数。

（4）权：每一个数码所表示的值就等于该数码本身乘以一个与所在数位相关的常数。

数制包括十进制（D）Decimal system（scale），二进制（B）Binary system，八进制（Octonary system，O），十六进制（Hexadecimal system，H）；进制越大，数的表达长度也就越短。

5.5.4.1　十进制数

十进制数的主要特点：

（1）基数是 10。由 10 个数码构成：0、1、2、3、4、5、6、7、8、9。

（2）进位规则是"逢十进一"；十进制数可不加后缀或用尾缀 D 作为标识符。

（3）十进制数的展开，如：

$$1234.56 = 1 \times 10^3 + 2 \times 10^2 + 3 \times 10^1 + 4 \times 10^0 + 5 \times 10^{-1} + 6 \times 10^{-2}$$

$$= 1000 + 200 + 30 + 4 + 0.5 + 0.06$$

其中，10^3、10^2、10^1、10^0、10^{-1}、10^{-2} 称为十进制数各数位的"权"。

5.5.4.2　二进制数

二进制数的主要特点：

（1）基数是 2。只有两个数码：0 和 1。

（2）进位规则是"逢二进一"；每左移一位，数值增大一倍；右移一位，数值减小一半。二进制数用尾缀 B 作为标识符。

（3）二进制数转为十进制数，如：

$$111.11B = 1 \times 2^2 + 1 \times 2^1 + 1 \times 2^0 + 1 \times 2^{-1} + 1 \times 2^{-2}$$

$$= 7.75$$

其中，2^2、2^1、2^0、2^{-1}、2^{-2} 称为二进制数各数位的"权"。

5.5.4.3　十六进制数

十六进制数的主要特点：

（1）基数是 16。共由 16 个数符构成：0、1、…、9、A、B、C、D、E、F。

其中，A、B、C、D、E、F 代表的数值分别为 10、11、12、13、14、15。

（2）进位规则是"逢十六进一"；十六进制数用尾缀 H 表示。

（3）十六进制数转为十进制数，如：

$$A3.4H = 10 \times 16^1 + 3 \times 16^0 + 4 \times 16^{-1}$$

$$= 160 + 3 + 0.25$$

$$= 163.25$$

其中，16^1、16^0、16^{-1}称为十六进制数各数位的"权"。

5.5.5 数制转换

5.5.5.1 十进制数到二进制数的转换

（1）整数部分，除 2 取余法（余数为 0 为止），最后将所取余数按逆序排列。

（2）小数部分，乘 2 取整法（如果小数部分是 5 的倍数，则以最后小数部分为 0 为止，否则以约定的精确度为准），最后将所取整数按顺序排列。

【例 5-1】 将十进制数 23 转换为二进制数

$$
\begin{array}{r|l}
2 & 23 \\
2 & 11 \quad\quad 余数\ 1 \\
2 & 5 \quad\quad\ 余数\ 1 \\
2 & 2 \quad\quad\ 余数\ 1 \\
2 & 1 \quad\quad\ 余数\ 0 \\
  & 0 \quad\quad\ 余数\ 1
\end{array}
$$

结果为$(23)_{10} = (10111)_2$。

【例 5-2】 将十进制数 0.25 转换为二进制数

$$
\begin{array}{r}
0.25 \\
\times\quad 2 \\
\hline
(0.)50 \quad \cdots 取整数位\ 0 \\
\times\quad 2 \\
\hline
(1.)00 \quad \cdots 取整数位\ 1
\end{array}
$$

结果为$(0.25)_{10} = (0.01)_2$。

5.5.5.2 二进制数到十六进制数的转换

由于十六进制数基数是 2 的四次幂，所以二进制转换为十六进制，如果是整数，只要从它的低位到高位每 4 位组成一组，然后将每组二进制数所对应的数用十六进制表示出来；如果有小数部分，则从小数点开始，分别向左右两边按上述方法进行分组计算。

【例 5-3】 将二进制数 11010101111100010111 转换为十六进制数。

二进制数	11	1010	1111	0001	0111
十六进制数	3	A	F	1	7

结果为$(11010101111100010111)2 = (3AF17)16$。

【例 5-4】 将二进制数 111010.0111 转换为十六进制数。

二进制数	11	1010.	0111
十六进制数	3	A.	7

结果为$(111010.0111)2 = (3A.7)16$。

5.5.5.3 十六进制转换为二进制

十六进制数转换为二进制，只要从它的低位开始将每位上的数用二进制表示出来。如果有小数部分，则从小数点开始，分别向左右两边照上述方法进行转换。

【例 5-5】　　将二进制数 6FBE4 转换为十六进制数。

十六进制数	6	F	B	E	4
二进制数	110	1111	1011	1110	0100

结果为 $(6FBE4)16 = (1101111101111100100)2$。

5.6　动　动　手

（1）想一想，复述流水灯的工作原理。

（2）怎么样让流水灯流得更快一点？

（3）流水灯的方向可以改变吗？

（4）在 P1 口输出也可以吗？设计一下以 P1 口作输出端的流水灯电路。

（5）把十进制的 120 和 6.37 分别转换为二进制数，十六进制数。

（6）尝试运用学过的指令写出不一样的花样灯程序。

项目6　花样灯的制作（取表方式）

6.1　项目目标

（1）理解查表指令的执行过程；
（2）掌握查表程序的设计方法；
（3）掌握变址寻址指令的使用方法；
（4）熟悉比较指令的应用。

6.2　项目内容

在流水灯项目中，我们把八盏灯依次点亮，不断循环，非常有成就感。但要是按照流水灯的编程方式，再多几个花样，就要再多几个赋值程序 MAIN2、MAIN3、…又长又烦。还有其他不同的亮灯方式吗，还有其他不同的程序编写方式吗？当然有！下面就给大家介绍一个用表格方式实现的程序。看过街头五彩缤纷的霓虹灯吧（见图6-1），以后，大家也可以快速的写出各种程序，让霓虹灯按照你们的想法亮起来，可以有很多种方式，只要在表格里给入数值就可以了，有趣吧。

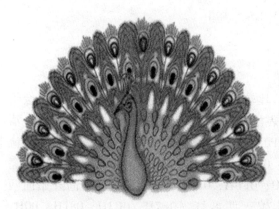

图 6-1　霓虹灯

6.3　项目制作

6.3.1　电路原理图

在这里，我们不但要让八个 LED 灯循环点亮（见图6-2），还要让它们按其他的方式点亮，这就是我们现在要做的花样灯。灯的点亮方式可以有很多很多种，本项目中只给出几种简单的，有兴趣，大家可以继续往下研究。

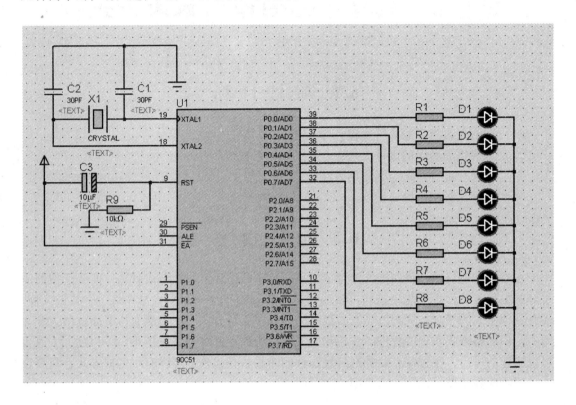

图 6-2 花样灯电路原理图

6.3.2 程序编写

这次的项目用到了新的指令：查表指令、比较指令、加一指令……，在知识点里会给大家详细分析。程序运行时运用传送指令把表格的首地址送入数据指针，将累加器 A 清零，利用查表指令查出表格中的数据传送到 P0 口，花样显示效果为由左向右依次点亮流水灯（0FEH，0FDH，0FBH，0F7H，0EFH，0DFH，0BFH，07FH），由右向左再次点亮流水灯（07FH，0BFH，0DFH，0EFH，0F7H，0FBH，0FDH，0FEH），由中间开始向两边依次熄灭两盏灯，再由两边向中间依次熄灭两盏灯（0E7H，0C3H，081H，00H，0FFH，081H，0C3H，0E7H），以间隔方式点亮八盏灯两次（0AAH，055H，0AAH，055H），P0 口的八盏灯全亮全灭两次（0FFH，00H，0FFH，00H）。在编写程序时，将文件名定为花样灯 .asm，其程序代码如图 6-3 所示。

6.3.3 程序调试、保存及仿真

点击 ，出现调试窗口，点击"外围设备"—"I/O-Ports"选择对应的输出端 P0 进行仿真调试，如图 6-4 所示。

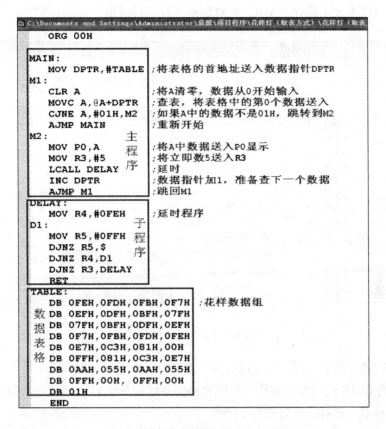

图 6-3　花样灯程序

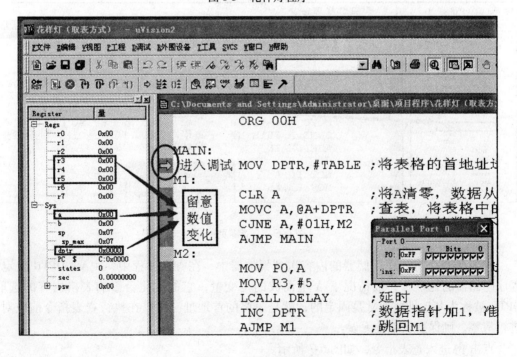

图 6-4　花样灯调试页面

点击 **▶** 调试进入主程序 MAIN，先对数据指针进行赋值，如图 6-5 所示。

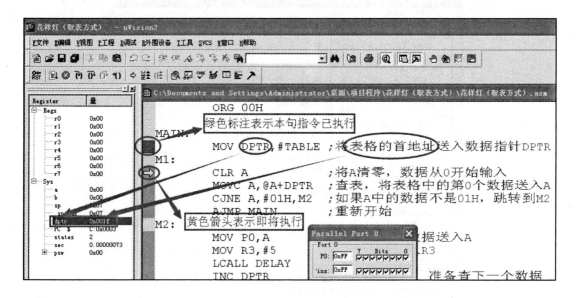

图 6-5　表格首地址赋值页面

点击 **▶** 后光标移动一行，程序执行第一句 MOV DPTR，#TABLE，可以看到左边工程调试窗口中的 DPTR 的值发生变化，说明表格的首地址 0x001f 已经传送给数据指针。

点击 **▶** 对累加器清零，如图 6-6 所示。

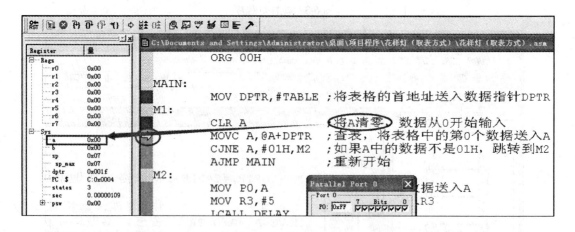

图 6-6　A 清零页面

查表指令是将程序存储器的内容送到累加器中，在查表过程中，@A + DPTR 决定了程序存储器的地址。一般情况下 A 里面放的是变量，它的变化会影响表格内容的选取，DPTR 被称为基地址，通常是固定的，就是表格的首地址。所以在执行查表指令前应对 A 进行清零，确保查表地址无误。

点击 **▶** 进入查表指令，如图 6-7 所示。

执行查表指令 MOVC A，@A + DPTR 后，累加器 A 中的数值变为表格里的 0FEH（第

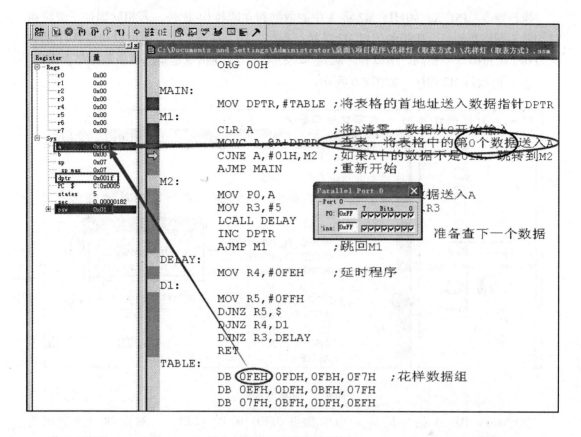

图 6-7 查表指令页面

0个数据)。一定要清楚，送到 A 里面的是@ A + DPTR 这个地址里的数据，是数据，不是地址；而且在单片机里，数据都是从 0 开始数的，也就是 0、1、2、…；所以我们得到的是 TABLE 表格里的第 0 个数据 0FEH。

点击 执行比较指令，决定程序是否跳转，如图 6-8 所示。

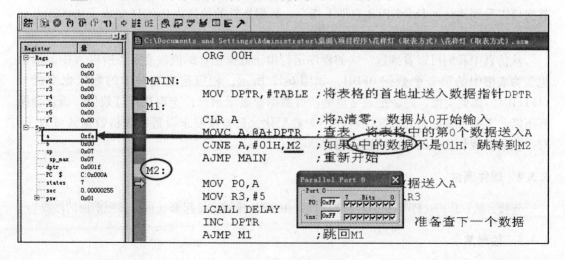

图 6-8 比较指令页面

执行指令 CJNE A，#01H，M2 将 A 中的数据和立即数 01 比较，若相同则往下继续执行，若不同则跳到指令所指的位置 M2 处执行程序，从工程调试窗口中可以知道 A 中的数据为 0FEH 和 01H 不相同，所以程序跳到 M2 处执行，这句指令是检测表格数据是否读完。

点击 执行 M2 程序，如图 6-9 所示。

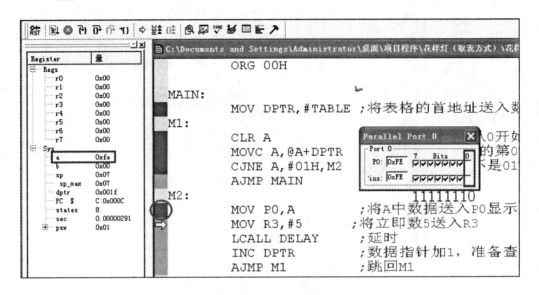

图 6-9　P0 赋值页面

执行 MOV P0，A 指令后将 A 中的数据 0FEH 从 P0 口输出，对应的二进制码为 11111110，所以最后一个输出口失电。这是流水灯的第一个数据，接下去还会有其他数据。

点击 执行 MOV R3，#5 这句的主要作用就是让延时程序重复 5 次，主要目的就是延长时间，如图 6-10 所示。

将断点设在 AJMP M1 指令处，点击 ，全速运行延时程序，到断点位置程序停止。在这里我们首先可以看到，程序执行完延时程序，R3 里的数据减完 5 次后再次变回 0 了；其次可以看到执行了 INC DPTR 自加 1 指令，数据指针的地址由 0x001f 变成了 0x0020，如图 6-11 所示。连续点击 重新运行 M1、M2 程序。

从仿真中我们可以看到这一次的程序运行由于数据指针的值改变了，所以 A 中的数值也变为表格中的第 2 个数据 0FDH，如图 6-12 所示，相应输出端口中的数值也变成了 11111101。如此类推，将会把表格里的所有数据都显示出来，实现花样灯效果，而且会循环不断。表格方式的好处就是主程序不需要变化，只要按要求设置好表格数据就可以了，对一些数据变化较多的程序特别适用。

6.3.4　硬件调试

连接方法：JP10（P0）和 J12（LED 灯）用 8PIN 排线连接起来（可以参照前面的接线）。

6.3.5　效果演示

花样灯的效果如图 6-13 ～图 6-16 所示。

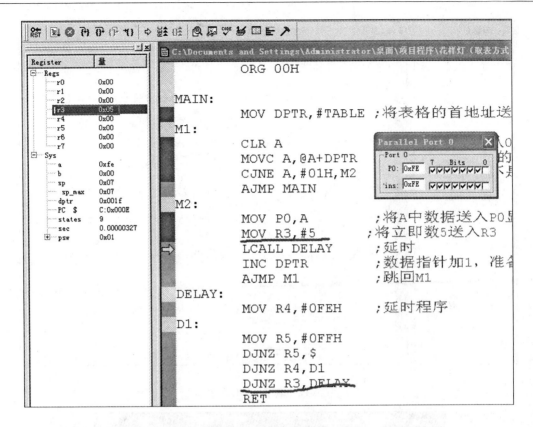

图 6-10 R3 赋值页面

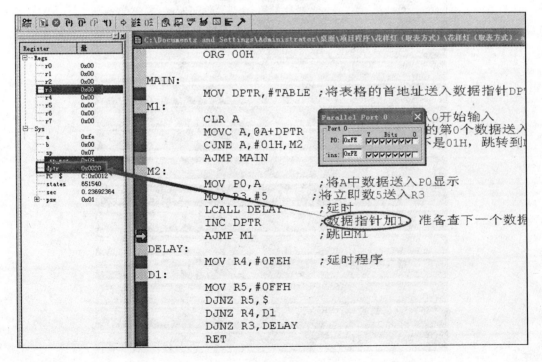

图 6-11 INC 执行页面

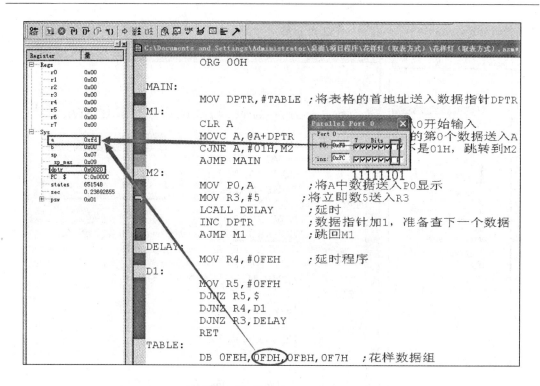

图6-12　输出0FDH页面

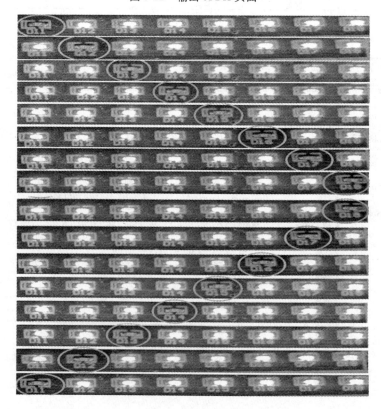

图6-13　花样灯效果1

图 6-14　花样灯效果 2

图 6-15　花样灯效果 3

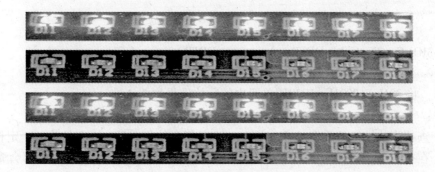

图 6-16　花样灯效果 4

6.4 知 识 点

6.4.1 项目相关指令

6.4.1.1 数据传送指令

数据传送指令为：MOVC ＜ dest ＞, ＜ src ＞

指令格式：　　MOVC　A, @ A + DPTR

　　　　　　　MOVC　A, @ A + PC

指令功能：@ A + DPTR 或 @ A + PC 指向程序存储器中的某个单元，拟传送给累加器 ACC 的数据就是程序中事先写进去的表格数据。这些表格数据往往用伪指令 DB, DW 等定义在程序中。

这条指令给出了一个新的寻址方式：变址寻址。本指令是要在 ROM 的一个地址单元中找出数据，所以必须知道这个单元的地址，如何确定这个单元地址呢？在基地址 DPTR 中有一个数，A 中有一个数，执行指令时，将 A 和 DPTR 中的数加起来，就成为要查找的单元的地址，把该地址中的数据传送到 A（见图 6-17）。

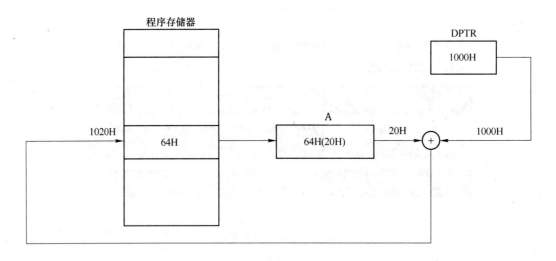

图 6-17　查表指令应用示范

如：MOVC　A, @ A + DPTR；A← (A + DPTR)

设：A 中已存有#20H, DPTR 中已存有#1000H。

操作：将 20H + 1000H = 1020H 单元中的数放进累加器 A 中。

注意：

（1）查找到的结果被放在 A 中，因此，本条指令执行前后，A 中的值不一定相同。

（2）在执行指令"MOVC　A, @ A + DPTR"前，数据指针 DPTR 一般都会先载入数据表，使用的指令一般为"MOV　DPTR, #TABLE"，其中"TABLE"为数据表的标号，也可以写为"TAB"。这样 DPTR 就指向数据表的表头地址，查表指令就可以把数据表中的数据载入 A 中。

如：

MOV   DPTR,#TAB   ;将数据表格首地址送入 DPTR
MOV   A,#00H   ;把表中要查找的数据号码送入 A 中
MOVC   A,@ A + DPTR   ;将查表得到的数据送入累加器 A

6.4.1.2　比较跳转指令

比较跳转指令：CJNE

指令格式：CJNE   < dest-byte > , < src-byte > , rel

指令功能：CJNE 将源操作数 < src-byte > 与目的操作数 < dest-byte > 进行比较，如果不相等就跳转到 rel 所指的地址。比较跳转指令 CJNE 集成了两种操作——比较和跳转。此外，它还会改变进位标志 C 的值以显示目的操作数较大还是较小，CJNE 指令不会改变源操作数或目的操作数的值。

常用形式：

CJNE   A,   #data,rel
CJNE   A,   direct,rel
CJNE   @ Ri,#data,rel
CJNE   Rn,#data,rel

将 A（或@ Ri，或 Rn）与#data（或 direct）相比较，其值不相等就跳转；相等则不跳转，继续往下走。

具体使用：第一条指令的功能是将 A 中的值和立即数 data 做比较，如果两者相等，就往下执行本指令的下一条指令，如果不相等，就转移，同样地，我们能将 rel 理解成标号，即：CJNE A,#data,标号。这样利用这条指令，我们就能判断两数是否相等，这在很多场合是非常有用的。但有时还想得知两数比较之后哪个大，哪个小，本条指令也具有这样的功能，如果两数不相等，则 CPU 还会反映出哪个数大，哪个数小，这是用 CY（进位位）来实现的。如果前面的数（A 中的）大，则 CY = 0，不然 CY = 1，因此在程序转移后再次利用 CY 就可判断出 A 中的数比 data 大还是小了。

在满足一定条件时进行相对转移指的就是条件转移指令，前面学的 DJNZ 和现在学的 CJNE 都属于条件转移指令，在条件转移指令中还有一条累加器判零转移指令。让我们来看看。

6.4.1.3　累加器判零跳转指令

指令格式：JZ rel/JNZ rel

指令功能：判 A 内容是否为 0 转移指令。

第一指令的功能是：如果（A）= 0，则转移，不然依次执行本指令的下一条指令。转移到什么地方去呢？如果按照传统的办法，就要算偏移量，很麻烦，幸亏现在能借助于机器汇编了。因此这句指令我们能这样理解：JZ 标号。即转移到标号处。

6.4.1.4　自增/自减指令

自增/自减指令：INC/DEC

加 1 指令格式：INC　　< byte >

常用形式为：

INC　　A

INC　　Rn

INC　　direct

INC　　@ Ri

INC　　DPTR

指令功能：用途很简单，就是把操作数的值加 1。假设（A）= 12H，执行 INC A 指令后，（A）= 13H。理论上说 INC A 和 ADD A，#1 的操作是一样的，但 INC A 是单字节，单周期指令，而 ADD #1 则是双字节，双周期指令，而且 INC A 不会影响 PSW 位，CY 保持不变。如果是 ADD A，#1，则（A）= 00H，而 CY 一定是 1。所以加 1 指令并不适合做加法，事实上它主要是用来做计数、地址增加等用途。另外，加法类指令都是以 A 为核心的，其中一个数必须放在 A 中，而运算结果也必须放在 A 中，而加 1 类指令的对象则非常广泛，可为寄存器、内存地址、间址寻址的地址等。

和它类似的还有减 1 指令，只是一个是自加 1，一个是自减 1，这里就不重复了。

6.4.1.5　定义字节命令

定义字节命令：DB/DW

指令格式：[标号：]　　DB　　x1，x2，…，xn

指令功能：将 8 位数据（或 8 位数据组）x1，x2，…，xn 顺序存放在从当前程序存储器地址开始的存储单元中。xi 可以是 8 位数据、ASCII 码、表达式，也可以是括在单引号内的字符串。两个数据之间用逗号"，"分隔。

xi 为数值常数时，取值范围为 00H ~ FFH。xi 为 ASCII 码时，要使用单引号' '，以示区别。xi 为字符串常数时，其长度不应超过 80 个字符。

DB 和 DW 属于伪指令，都只对程序存储器起作用，它们不能对数据存储器初始化。可用 DB、DW 在程序存储器定义数据表格，DW 还能定义一个地址表。如：

CAR:DB　　0C0H,0F9H,0A4H,0B0H,99H,92H ;表示从标号 CAR 开始的地方

　　　DB　　82H,0F8H,80H,90H　　　　　　　;将数据从左到右依次存放在指定地址单元

注意：多个字节数据或 ASCII 码字符之间要用逗号相隔，DB 指令常用于定义 8 位的数据常数表。

6.4.2　表格的定义

本项目的主要内容是表格的设定，表格其实就是把要用到的数据放在某个数据区里，

使用的时候直接进行提取，运用表格既可以提高速度，又可以简化程序，所以在设计表格的时候，应该更加注意表的结构设计。在大多时候，我们都会用 TABLE 来表示。TABLE是"表格"的英文缩写，在这里面只是一个标号，便于记忆与读写。实际就是个名字，可以随便起，像"TAB""CHA"等。假如你要驱动数码管，你可以把标号改成 DISP，显示display 的英文缩写。

6.5　相　关　链　接

在我们学习的各个项目中，经常接触到的指令就是传送类指令，但我们学到的还只是它的一部分，还有很多我们没有接触到的，下面就给大家简单列一列数据传送类指令。

（1）数据传送类指令共 28 条，是将源操作数送到目的操作数。指令执行后，源操作数不变，目的操作数被源操作数取代。数据传送类指令用到的助记符有 MOV、MOVX、MOVC、XCH、XCHD、SWAP、PUSH、POP 8 种。

（2）源操作数可采用寄存器、寄存器间接、直接、立即、变址 5 种寻址方式寻址，目的操作数可以采用寄存器、寄存器间接、直接寻址 3 种寻址方式。

MCS-51 单片机片内数据传送途径如图 6-18 所示。

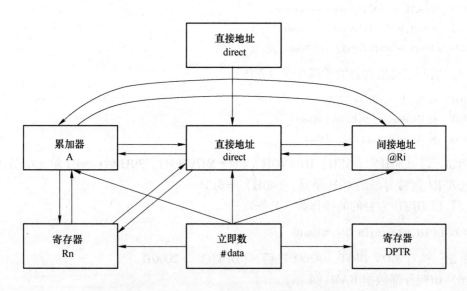

图 6-18　MCS-51 单片机片内数据传送途径

（1）以 A 为目的操作数（4 条）。

```
MOV   A,Rn   ;A←Rn
MOV   A,direct;A←(direct)
MOV   A,@Ri   ;A←(Ri)
MOV   A,#data;A←#data
```

【例 6-1】　MOV　A,R1

　　　　　　MOV　A,10H

```
MOV   A,@R1
MOV   A,#30H
```

从图 6-17 中得到，以 A 为目的的操作数，可以将寄存器的内容放到累加器 A 里面，也可以将直接地址或间接地址、立即数的内容传送到累加器 A 中。

（2）以 Rn 为目的的操作数（3 条）。

```
MOV   Rn,A    ;Rn←  A
MOV   Rn,direct;Rn←(direct)
MOV   Rn,#data  ;Rn←#data
```

【例 6-2】　　MOV　R1,A
　　　　　　　MOV　R1,10H
　　　　　　　MOV　R1,#10H

以寄存器 Rn 为目的的操作数，可以将累加器的内容放到寄存器里面，也可以将直接地址或立即数的内容传送到寄存器中。

（3）以直接地址为目的操作数（5 条）。

```
MOV   direct,A;(direct)←  A
MOV   direct,Rn;(direct)←(Rn)
MOV   direct1,direct2;(direct1)←(direct2)
MOV   direct,@Ri;  (direct)←  (Ri)
MOV   direct,#data;(direct)←  #data
```

（4）以间接地址为目的的操作数（3 条）。

```
MOV   @Ri,A   ;(Ri)←  A
MOV   @Ri,direct  ;(Ri)←(direct)
MOV   @Ri,#data   ;(Ri)←#data
```

例如：设（30H）＝6FH，R1＝40H，执行 MOV@R1，30H 后，30H 单元中数据取出 6FH 送入 R1 间接寻址的 40H 单元，（40H）＝6FH。

（5）以 DPTR 为目的的操作数（1 条）。

```
MOV DPTR,#data16;DPTR←#data16
```

例如：执行 MOV DPTR，#2000H 后，（DPTR）＝2000H。

（6）访问外部数据 RAM（4 条）。

```
MOVX   A,@DPTR   ;A←(DPTR)
MOVX   @DPTR,A   ;(DPTR)←A
MOVX   A,@Ri     ;A←(P2Ri)
MOVX   @Ri,A     ;(P2Ri)←A
```

（7）读程序存储器。

```
MOVC   A,@A+DPTR   ;A←(A+DPTR)
MOVC   A,@A+PC     ;A←(A+PC)
```

例如：已知 A＝30H，DPTR＝3000H，程序存储器单元（3030H）＝50H，执行 MOVC

A，@A+DPTR 后，A＝50H。

（8）数据交换。

1）字节交换

XCH　A,Rn　;A＜＝＞Rn

XCH　A,direct　;A＜＝＞(direct)

XCH　A,@Ri　;A＜＝＞(Ri)

2）半字节交换

XCHD　A,@Ri　;$A_{0\sim3}$＜＝＞$(Ri)_{0\sim3}$

SWAP　A　;$A_{0\sim3}$＜＝＞$A_{4\sim7}$

（9）堆栈操作。所谓堆栈是在片内 RAM 中按"先进后出，后进先出"原则设置的专用存储区。数据的进栈出栈由指针 SP 统一管理。堆栈的操作有如下两条专用指令：

PUSH　direct;SP←(SP+1),(SP)←(direct)

POP　direct;(direct)←(SP),SP←SP-1

第一条指令 PUSH 是进栈（或称为压入操作）指令，是将 direct 中的内容送入堆栈中；第二条指令称之为弹出，就是将堆栈中的内容送回到 direct 中。推入指令的执行过程是首先将 SP 中的值加1，然后把 SP 中的值当作地址，将 direct 中的值送进以 SP 中的值为地址的 RAM 单元中。例如：

MOV SP,#5FH

MOV A,#100

MOV B,#20

PUSH ACC

PUSH B

POP B

POP　ACC

执行第一条 PUSH　ACC 指令时：将 SP 中的值加1，即变为60H，然后将 A 中的值送到60H 单元中，因此执行完本条指令后，内存60H 单元的值就是100，同样，执行 PUSH　B 时，是将 SP+1，即变为61H，然后将 B 中的值送入到61H 单元中，即执行完本条指令后，61H 单元中的值变为20。

POP 指令执行时首先将 SP 中的值作为地址，并将此地址中的数送到 POP 指令后面的那个 direct 中，然后 SP 减1。

注意：堆栈指令只对"直接地址"有效，对 A、Rn 没有作用；对累加器进行堆栈操作时，不能写 PUSH　A 要写成 PUSH ACC，同理推出 POP　ACC。A 和 ACC 的实质是一样的，对应地址都是 0E0H，只是汇编语言在使用时，在格式上取了两个名字，A 表示累加器的代号，在指令中默认是没有地址的，而 ACC 是累加器，在指令中的直接地址（0EH），可出现在用直接寻址的任何地方。比如对 ACC 的第一位进行位表示时，必须用 ACC，要写成 ACC.1，而不能写成 A.1；但当其作为8位二进制数时，ACC 和 A 都能用。

6.6　动　动　手

（1）伪指令有哪几个?

（2）"MOVC　A，@ A + DPTR"指令的功能是什么，如何使用该条指令?

（3）"MOVC　A，@ A + DPTR"指令和哪一条伪指令一起使用相对应?

（4）条件转移指令有哪几种?

（5）想想加 1/减 1 指令的应用，试写一段有关加 1 或减 1 指令的小程序。

（6）熟练运用学过的指令写出不一样的花样灯程序。

项目7 LED 数码管静态显示制作

7.1 项目目标

（1）了解 LED 数码管结构及工作原理；
（2）熟悉 LED 数码管检测；
（3）掌握 LED 数码管静态显示方法；
（4）项目相关指令的作用及使用方法；
（5）理解应用程序的一般结构。

7.2 项目内容

看多了发光二极管的变化，单片机在其他方面也能用吗？在电气设备的控制面板上，不但有灯光显示，更添加了时间装置，大大提高了控制的精确度和直观性，这个时间装置用的就是数码管。数码管应用的场合很多，如：交通灯、数字时钟、电饭锅、洗衣机、冰箱等。怎样才能让单片机控制 LED 数码管显示出如此丰富的内容，下面就让我们拿一个数码管来试试（见图 7-1 和图 7-2）。

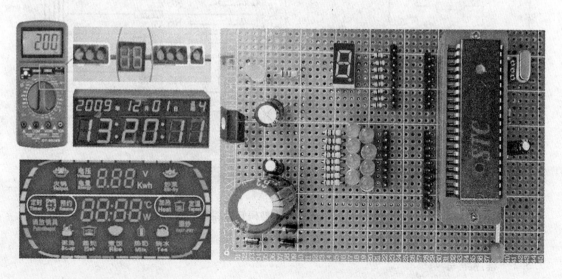

图 7-1　数码管的应用　　　　　　　　图 7-2　单个数码管实物板

7.3　项 目 制 作

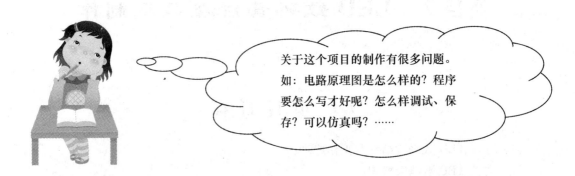

关于这个项目的制作有很多问题。
如：电路原理图是怎么样的？程序
要怎么写才好呢？怎么样调试、保
存？可以仿真吗？……

7.3.1　电路原理图

本项目采用一个共阳极 LED 数码管，让七段数码管实现循环显示 0、1、2、3、…、9
的数字。其电路原理图，如图 7-3 所示。

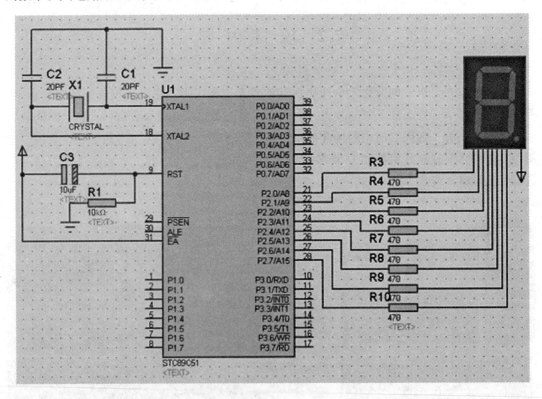

图 7-3　控制单个数码管原理图

7.3.2　程序编写

点击"工程"—"新建工程"—在指定位置创建一个文件夹，以"数码管（静态）"

命名，用相同的名字作文件名（文件名定为数码管（静态）.asm），"保存"—选择芯片类型"89S52"—"确定"—点击"文件"—"新建"出现输入窗口—再点"文件"—"另存为"将数码管（静态）的后序名改为.asm，"保存"生成源文件—右键点击"Source Group 1"—"增中文件到 Source Group 1"选择"文件类型"Asm 源文件—选择刚才保存的源文件，"Add"—"关闭"在"Source Group 1"前出现"＋"。

控制单个数码管的程序如图7-4所示。

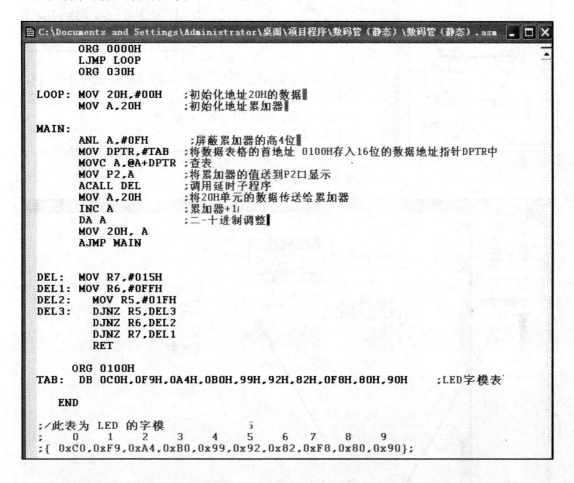

图7-4 控制单个数码管程序

7.3.3 程序调试、保存及仿真

点击 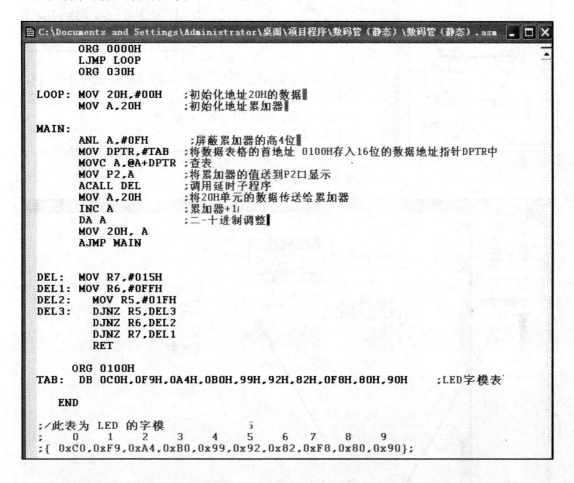，进入调试页面如图7-5所示。

连续点击 ，执行 MOV DPTR，#TAB 指令后观察数据指针 dptr 的变化，如图7-6所示。

ANL 指令后 A 中的数据高四位被屏蔽，低四位不变，依然为 0，表格的首地址为100，所以查表指令要找的就是 A＋DPTR＝0＋100 这个地址的内容，也就是第一个数的段码。

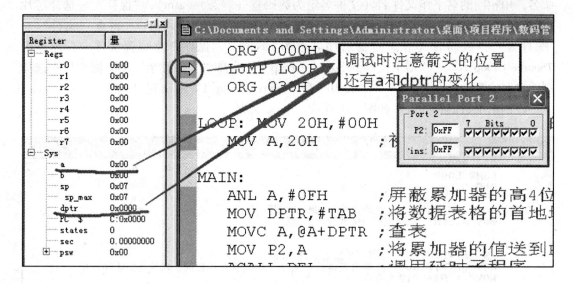

图 7-5　程序进入调试页面

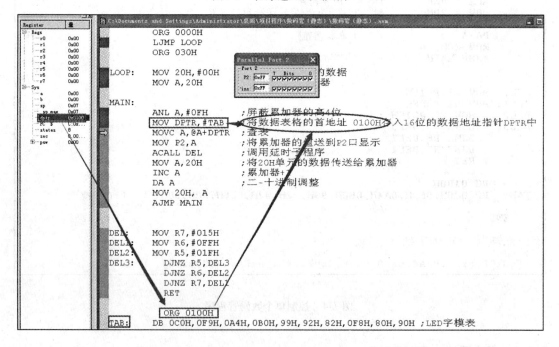

图 7-6　数据指针的变化

　　点击 ⓪，进入查表指令，累加器 A 中的数据发生变化，获得第一个数的段码，如图 7-7 所示。

　　前面的 MOV 20H，#00H；MOV A，20H；MOV DPTR，#TAB；MOVC A，@ A + DPTR 四句很重要，是实现静态显示的关键，大家一定要好好理解。

　　点击 ⓪，执行 MOV P2，A 指令后 A 中数据传送到 P2 口，实现数字"1"显示，如图 7-8 所示。

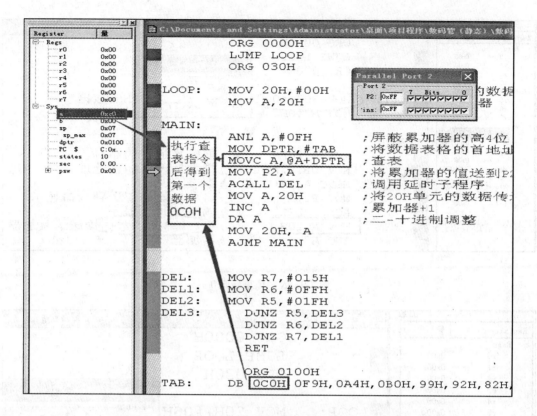

图 7-7 累加器 A 的数据变化

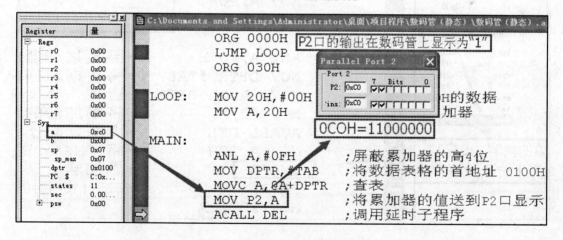

图 7-8 数字"1"的输出显示

继续点击 ⟦图标⟧，留意 MOV A，20H 执行后 A 的变化，如图 7-9 所示。

程序执行到这里，输出端口获得第一个数据，累加器 A 重新归零，为获取下一个数据做准备，一定要理解这步的意思，因为查表指令中找的是 A + DPTR 所指地址中的内容，假如 A 中原有的内容不清空，就会造成下一个地址的错误，那就找不到下一个数据了。

点击 ⟦图标⟧ 执行加 1 指令。A 中的内容由刚才的 0 变为 1，如图 7-10 所示。大家想一想，

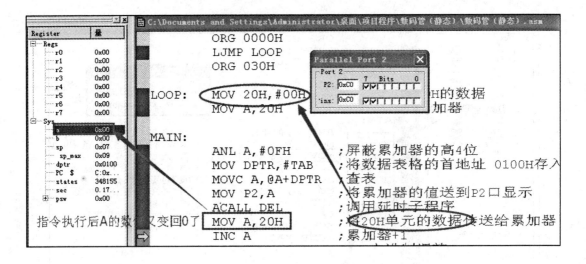

图 7-9　A 的值重新归 0

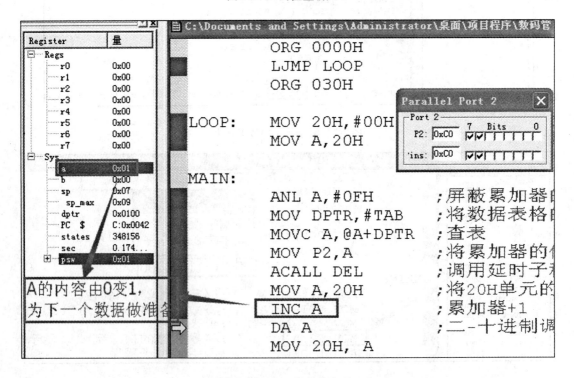

图 7-10　加 1 指令的实现

下次再执行查表指令时 A + DPTR 所指地址是多少，100？还是 101？

　　　　点击 🕒 执行 MOV 20H，A 指令，将 A 的值存入直接地址，这是因为 A 在本程序中使用频繁，A 中的数值不断变化，但在查表获取数据时，我们要求数字一个一个按顺序显示，所以在查表指令中 A 的数据必须依次递加，而不是随意变化；把 A 中的数据放到 20H 中，可保证其不受其他操作的影响，使用时可再传送回 A，如图 7-11 所示。这句指令关系到数字是否依次显示，大家一定要注意。

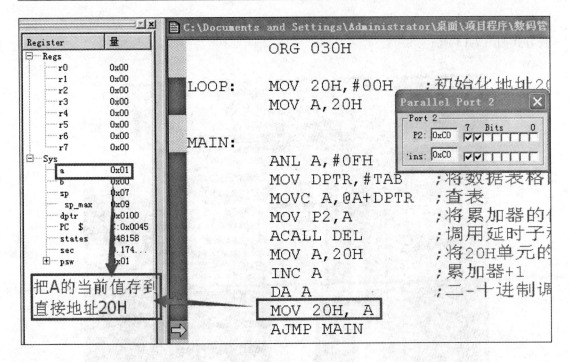

图 7-11　20H 的应用

连续点击 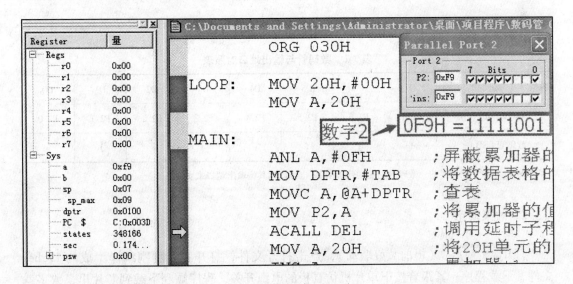，程序会跳回 MAIN 处依次显示 0～9 的数字，并循环执行，以数字 2 为例，其运行截图如图 7-12 所示。这种由端口输出决定数码管的字符显示，无需另外再加"位选"端口的我们称为静态显示。

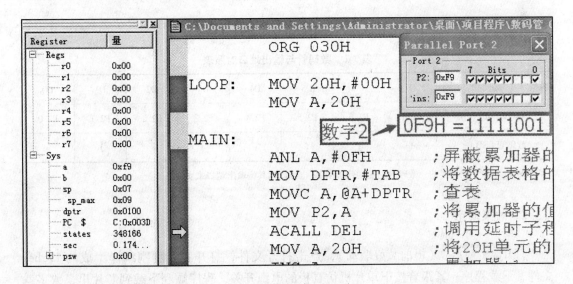

图 7-12　数字 2 的获取

7.3.4　硬件调试

连接方法：JP11（P2）和 J3（数码管）用 8PIN 排线连接起来，注意排线的顺序不要接错，接错就显示不了数字了，假如程序没有错误，把排线反过来再接一下就好了，其接线方式如图 7-13 所示。

图 7-13　数码管接线方式

数码管与输出端口的对照如表 7-1 所示。

表 7-1　数码管与输出端口对照表

数据字（二进制的位数）	D7	D6	D5	D4	D3	D2	D1	D0
P2 端口	P2.7	P2.6	P2.5	P2.4	P2.3	P2.2	P2.1	P2.0
数码管 LED 段	dp	g	f	e	d	c	b	a

注：P2 端口不是固定的，数码管的驱动除了用 P2 也可以用其他输出端口来实现。

7.3.5　效果演示

打开 （提前装好驱动），点击打开文件，打开我们刚刚编译生成的 11. hex 文件，下载程序；紧跟着按下单片机仿真板的电源开关，程序顺利下载到芯片里，数字就会一个一个跳出来了，其效果图如图 7-14 所示。

7.3.6　材料准备

单个数码管的电路元件清单如表 7-2 所示。

图 7-14 程序效果显示

表 7-2 单个数码管电路元件清单

序 号	元件名称	元件符号	规格/参数	数 量
1	数码管		共阳极	1
2	接线端子		8 位	若干
3	导线			若干

7.4 知 识 点

7.4.1 LED 数码管介绍

数码管是一种半导体发光器件（见图 7-15），其基本单元是发光二极管，是单片机系统中最常用的输出显示之一，主要用于单片机控制中的数据输出和状态信息显示。数码管的正向压降一般为 1.5～2V，额定电流为 10mA，最大电流为 40mA。静态显示时取 10mA 为宜，动态扫描显示，可加大脉冲电流，但一般不超过 40mA。

7.4.1.1 LED 数码管分类

LED 数码管可分为以下几类：

（1）按段数分为七段数码管和八段数码管，八段数码管比七段数码管多一个发光二极管单元（就是多一个小数点显示）。

（2）按能显示多少个"8"，可分 1 位、2 位、4 位、8 位等数码管。

（3）按发光二极管单元连接方式分为共阴极数码管。

图 7-15 LED 数码管

　　共阳极数码管是将所有发光二极管的阳极接在一起作为公共端 COM，当公共端 COM 接到 +5V 为高电平，某一字段（a、b、c、d、e、f、g、dp）阴极上的电平为"0"时，该字段点亮；当某一字段的阴极为高电平"1"时，该字段不亮。共阳极数码管连接原理图如图 7-16a 所示。共阳极、共阴极管的结构如图 7-17 所示。

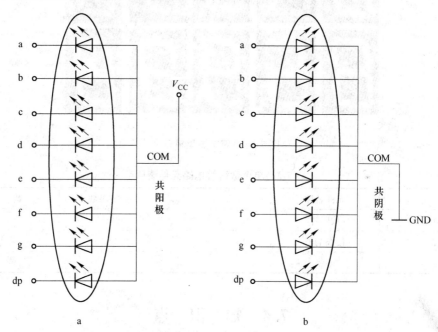

图 7-16　共阳极、共阴极管脚显示

a—共阳极；b—共阴极

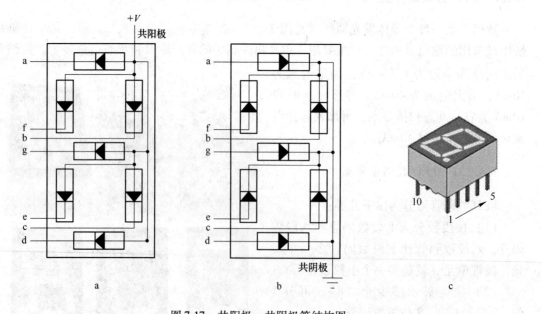

图 7-17　共阳极、共阴极管结构图

a—共阳极七段数码管；b—共阴极七段数码管；c—TDSL31.0 系列七段数码管

1—dp(小数点)；2—c；3—共阳极(或共阴极)；4—b；5—a；6—g；7—f；8—共阳极(或共阴极)；9—e；10—d

　　共阴极数码管是将所有发光二极管的阴极接在一起作为公共端 COM，当公共端 COM 接到地线 GND 时为低电平，而某一字段阳极上的电平为"1"时，该字段点亮；当某一字段的阳极为低电平"0"时，该字段不亮。共阴极数码管连接原理图如图 7-16b 所示。

　　若将数值 0 送至单片机的 P2 口，数码管上不会显示数字"0"。所以，要使数码管显示出数字或字符，直接将相应的数字或字符送至数码管的段控制端是不行的，必须使段控制端输出相应的字形编码，如二进制码。我们把这种控制发光二极管的八位二进制数称为段码。字形代码 D7、D6、D5、D4、D3、D2、D1、D0 对应数码管 8 段的 dp、g、f、e、d、c、b、a（表 7-1）。

　　将单片机 P2 口的 P2.0、P2.1、…、P2.7 八个引脚依次与数码管的 a、b、…、f、dp 八个段控制引脚相连接。如果使用的是共阳极数码管，COM 端接 +5V，要显示数字"0"，则数码管的 a、b、c、d、e、f 六个段应点亮，其他段熄灭，要向 P2 口传送数据 11000000B（C0H），该数据就是与字符"0"相对应的共阳极字型段码；若要显示数字"3"，则要向 P2 口传送数据 10110000B（B0H）。若是共阴极的数码管，COM 端接地，要显示数字"1"，则要点亮数码管的 b、c 两段，其他段熄灭，需向 P2 口传送数据 00000110（06H），这就是字符"1"的共阴极字型码了；若要显示数字"3"，则要求向 P2 口传送数据 01001111B（4FH）。

7.4.1.2　LED 数码管编码方式

　　共阴和共阳 LED 数码管的八段编码如表 7-3 所示。

表 7-3　共阴和共阳 LED 数码管八段编码表

显示数字	共阴极段码（小数点暗）		共阳极段码（小数点亮）	共阳极段码（小数点暗）
	dp、g、f、e、d、c、b、a	16 进制		
0	0 0 1 1 1 1 1 1	3FH	40H	C0H
1	0 0 0 0 0 1 1 0	06H	79H	F9H
2	0 1 0 1 1 0 1 1	5BH	24H	A4H
3	0 1 0 0 1 1 1 1	4FH	30H	B0H
4	0 1 1 0 0 1 1 0	66H	19H	99H
5	0 1 1 0 1 1 0 1	6DH	12H	92H
6	0 1 1 1 1 1 0 1	7DH	02H	82H
7	0 0 0 0 0 1 1 1	07H	78H	F8H
8	0 1 1 1 1 1 1 1	7FH	00H	80H
9	0 1 1 0 1 1 1 1	6FH	10H	90H

7.4.1.3　LED 数码管显示

　　LED 数码管显示分为静态显示和动态显示两种。

　　（1）静态显示。静态显示是指数码管显示某一字符时，相应的发光二极管恒定导通或恒定截止。这种显示方式的各位数码管的公共端恒定接地（共阴极）或 +5V（共阳极）。每个数码管的八个段控制引脚分别与一个八位 I/O 端口相连。只要 I/O 端口有显示字型码输出，数码管就显示给定字符，并保持不变，直到 I/O 口输出新的段码。

　　静态显示具有较小的电流即可获得较高的亮度，且占用 CPU 时间少，编程简单，具有便于监测和控制的优点。但其占用的端口多，硬件电路复杂，成本高，只适于显示位数较少的场合。

　　（2）动态显示。动态显示是一位一位轮流点亮各位数码管的显示方式，动态显示方式可节省 I/O 口，硬件电路也较静态显示方式简单。但其亮度不如静态显示方式，而且在显示位数较多时，CPU 要依次扫描，占用 CPU 较多的时间。具体内容将在下一章作详细介绍。

7.4.2　相关指令

7.4.2.1　逻辑与（ANL），逻辑或（ORL），逻辑异或（XRL）

A　逻辑与指令

ANL　< dest-byte >，< src-byte >（6 条）

功能：对指定位进行屏蔽。即某些位清零，某些位保持不变。

ANL　A，Rn；累加器 A 的内容和寄存器 Rn 中的内容执行与逻辑操作。

ANL　A，direct；累加器 A 中的内容和直接地址单元中的内容执行与逻辑操作。

ANL　A，@Ri；累加器 A 的内容和工作寄存器 Ri 指向的地址单元中的内容执行与逻辑操作。

ANL　A，#data；累加器 A 的内容和立即数执行与逻辑操作。

以上四条指令运行结果存在寄存器 A 中。

ANL　direct，A；直接地址单元中的内容和累加器 A 中的内容执行与逻辑操作。

ANL　direct，#data；直接地址单元中的内容和立即数的执行与逻辑操作。

以上两条指令运行结果存在直接地址单元中。

B　逻辑或指令

ORL　< dest-byte >，< src-byte >（6 条）

功能：对指定位置 1，其他位不变。

ORL　A，Rn；累加器 A 的内容和寄存器 Rn 中的内容执行逻辑或操作。

ORL　A，direct；累加器 A 中的内容和直接地址单元中的内容执行逻辑或操作。

ORL　A，@Ri；累加器 A 的内容和工作寄存器 Ri 指向的地址单元中的内容执行逻辑或操作。

ORL　A，#data；累加器 A 的内容和立即数的执行逻辑或操作。

以上四条指令运行结果存在寄存器 A 中。

ORL　direct，A；直接地址单元中的内容和累加器 A 的内容执行逻辑或操作。

ORL　direct，#data；直接地址单元中的内容和立即数执行逻辑或操作。

以上两条指令运行结果存在直接地址单元中。

C　逻辑异或指令

XRL　< dest-byte >，< src-byte >（6 条）

功能：对指定位求反，其他位不变。

XRL　A，Rn；累加器 A 的内容和寄存器 Rn 中的内容执行逻辑异或操作。

XRL　A，direct；累加器 A 中的内容和直接地址单元中的内容执行逻辑异或操作。

XRL　A，@ Ri；累加器 A 中的内容和工作寄存器 Ri 指向的地址单元中的内容执行逻辑异或操作。

XRL　A，#data；累加器 A 中的内容和立即数执行逻辑异或操作。

以上四条指令运行结果存在寄存器 A 中。

XRL　direct，A；直接地址单元中的内容和累加器 A 中的内容执行逻辑异或操作。

XRL　direct，#data；直接地址单元中的内容和立即数执行逻辑异或操作。

以上两条指令运行结果存在直接地址单元中。

7.4.2.2　十进制调整指令——DA　A

功能：十进制调整指令总是跟在加法指令（ADD 和 ADDC）之后对执行加法运算后存于累加器 A 中的结果进行十进制调整和修正，但不能用在 INC 等指令后。

说明：

（1）在加法（ADD）或带进位的加法（ADDC）运算后，若累加器 A 的低位（A0 ~ 3）>9 或 AC = 1，则 A0 ~ 3 低位 + 06H。

（2）在加法（ADD）或带进位的加法（ADDC）运算后，若累加器 A 的高位（A4 ~ 7）>9 或 CY = 1，则 A4 ~ 7 高位 + 60H。

（3）十进制调整指令常用在十进制显示或运算中。

【例 7-1】

MOV　R5,#81H　;R5 = 81H
MOV　A,#91H　　;A = 91H
ADD　A,R5　　　;A = 112H,A 的高位有进位 CY = 1,所以 A + 60H
DA　A　　　　　;十进制调整后 A = 112H + 60H = 172H

在该段程序中 81D + 91D = 172D 而 81H + 91H = 112H。为了让 81H + 91H 与 81D + 91D 两者的结果显示一致，需要用 DA 指令进行调制，将 81H 和 91H 分别转换为二进制然后进行相加，得 1000 0001B + 1001 0001B = 1 0001 0010B，第一个 1 为进位，转换为十六进制即 81H + 91H = 112H，此时半进位 AC = 0，进位 CY = 1，A = 112H，执行 DA　A 后 A = 112H + 60H = 172H，AC = 0，CY = 1，结果为 172H，当然运算应该理解为 81D + 91D = 172D。

虽然一个是 16 进制一个是 10 进制，但 172 在形式上显示是相等的。

7.5　相 关 链 接

7.5.1　LED 数码管的管脚排列

LED 数码管的管脚排列，如图 7-18 所示，其单个数码管管脚排列，如图 7-19 所示。

实际的数码管的引脚是怎样排列的呢？对于单个数码管来说，从它的正面看进去，左

图 7-18　数码管管脚实物图

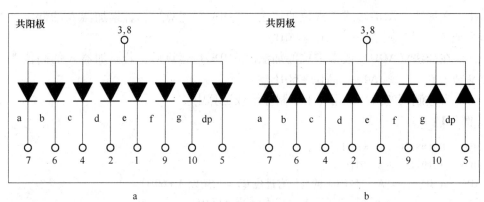

图 7-19　单个数码管管脚排列

a—共阳极；b—共阴极

下角那个脚为 1 脚，以逆时针方向依次为 1～10 脚，左上角那个脚便是 10 脚了，上面两个图中的数字分别与这 10 个管脚一一对应。注意，3 脚和 8 脚是连通的，这两个都是公共脚。

　　还有一种比较常用的是四位数码管，内部的 4 个数码管共用 a～dp 这 8 根数据线，为人们的使用提供了方便，在下一个项目中我们会详细讲解。

7.5.2　LED 数码管检测

　　LED 数码管是由发光二极管构成的，所以检测时可用二极管的检测方法来进行测试（参照图 7-17）。

　　首先找出数码管是属于共阴极还是共阳极的，将指针式万用表打到 10k 挡，用两表笔接在任意两个脚上，组合有很多种，但总有一个 LED 会发光，找到一个就够了，先固定红表笔（黑表笔流出电流，相当于正极，红表笔相当于负极）黑表笔逐个碰剩下的脚，如果有多个 LED（一般是 8 个）点亮，那它就是共阴的了。相反固定黑表笔不动，红表笔逐个碰剩下的脚，如果有多个 LED（一般是 8 个）点亮，那它就是共阳的。然后再根据所点亮的 LED 确定对应的各个管脚。用数字万用表进行检测的原理也是一样的。

检测时若发光暗淡，说明器件已老化，发光效率太低。如果显示的笔段残缺不全，说明数码管已局部损坏。

7.5.3　LED 数码管型号命名

国产 LED 数码管的型号命名由四部分组成，各部分含义是：

第一部分用字母"BS"表示产品主称：半导体发光数码管。

第二部分用数字表示 LED 数码管的字符高度，单位为 mm。

第三部分用字母表示 LED 数码管的发光颜色：R——红、G——绿、OR——橙红。

第四部分用数字表示 LED 数码管的公共极性：1——共阳、2——共阴。

例如：BS12.7R-1（字符高度为 12.7m 的红色共阳极 LED 数码管）

　　　　BS——半导体发光数码管；

　　　　12.7——12.7mm；

　　　　R——红色；

　　　　1——共阳。

7.6　动　动　手

（1）常用的七段数码管内部由几个发光管组成？

（2）熟练区分共阴极、共阳极数码管，并判断单个数码管的好坏。

（3）十六进制的 47 + 25，经 DA 后结果是多少？

（4）ANL 指令的作用是什么？

（5）用学过的指令编写 0 ~ 5 顺序显示的程序。

项目 8　数码管动态显示制作

8.1　项目目标

（1）了解 LED 数码管结构及工作原理；

（2）掌握 LED 数码管动态显示方法；

（3）掌握项目相关指令的作用及使用方法。

8.2　项目内容

在数码管静态显示中，表格中的数据信号依次从输出端输出，驱动数码管显示表格中给定的数字，但同一时间只能显示同一个输出的数字，在很多场合上是不能满足要求的。用动态显示就不一样了（见图 8-1）。数码管动态显示接口是单片机中应用最为广泛的一种显示方式之一，动态驱动是将各个数码管的 8个段码 "a，b，c，d，e，f，g，dp" 的同名端（公共极 COM）连在一起，给这个同名端设一个位选通控制电路，类似一个开关，假如有若干个数码管，则每个数码管的同名端都要加一个开关。这个位选通开关由各自独立的 I/O 线控制，当单片机输出字形码时，所有数码管都接收到相同的字形码信号，但并不是每一个数码管

图 8-1　动态显示

都能点亮，有四位数码管，究竟哪个数码管会点亮显示字形，取决于单片机对位选通电路的控制，也就是开关有没有打开，因此只要将需要显示的数码管的开关打开，该位就会显示字形，没有选通的数码管不会亮。这个和点亮发光二极管的原理是一样的，发光二极管正极接到信号却不能点亮，要由负极接受到的信号是高电平还是低电平来确定。

这种对各个数码管的 COM 端进行分时轮流控制，使各个数码管轮流受控显示的方式就是动态驱动。在轮流显示过程中，每位数码管的点亮时间约为 1～2ms，由于人会出现视觉暂留现象，发光二极管会产生余辉效应，尽管实际上各位数码管并非同时点亮，但只要扫描的速度足够快，给人的印象就是一组稳定的数据显示，不会有闪烁感。显示效果和静态显示是一样的。下面我们就用一个四位数码管来实现动态显示（见图 8-2）。为了让效果更明显，在电路中加一个按键，用按键控制 P1.7 的输入信号，若输入信号为高电平，则在四位数码管中以动态方式显示英文字母 HELP，若输入信号为低电平，则在四位数码管中以动态方式显示数字 1234，不断循环（见图 8-3）。

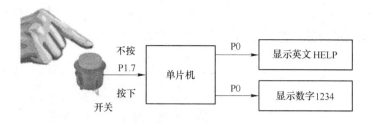

图 8-2　输出显示要求

图 8-3　动态显示电路实物图

8.3 项 目 制 作

8.3.1 电路原理图

本项目采用一个共阴极四位 LED 数码管作为显示器件，P0 口接四位 LED 数码管的各段码，P2 口接四位数码管的公共端作位选端，以确定哪一位数码管导通。当 P1.7 输出为高电平时，程序执行查找 TABLE2 的数据，当 P2 口进入导通信号后，四位数码管轮流导通，在 P0 口处依次显示 H、E、L、P 四个字母；若按住按键不放，P1.7 输出低电平，程序执行查找 TABLE1 的数据，当 P2 口进入导通信号后，四位数码管轮流导通，在 P0 口处依次显示 1、2、3、4 四个阿拉伯数字；只要 P1.7 信号持续不变，输出信号也保持不变，可持续循环对应表格内的内容，其动态显示的电路原理图如图 8-4 所示。

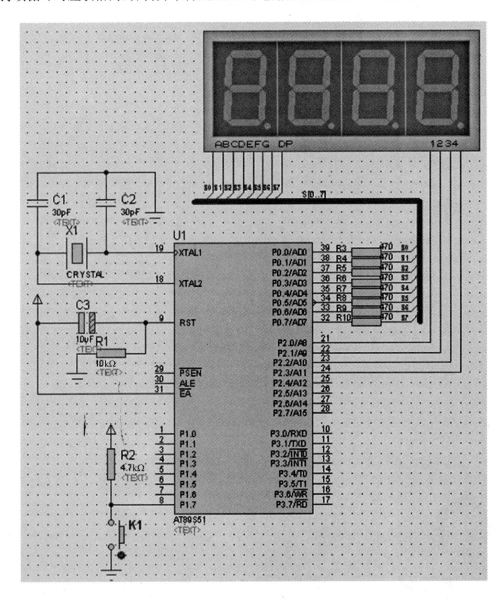

图 8-4　动态显示电路原理图

8.3.2　程序编写

打开编程软件，建立一个以数码管（动态）为名的工程（文件名定为数码管（动态）.asm），按照动态显示要求编写程序如图 8-5 所示。

8.3.3　程序调试、保存及仿真

点击，进入调试，执行第一句 JB P1.7，STA1 指令后检测到 P1.7 的电平为高电

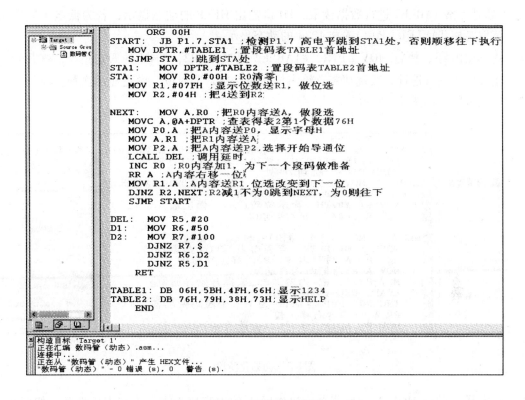

```
        ORG 00H
START:  JB P1.7,STA1 ;检测P1.7 高电平跳到STA1处，否则顺移往下执行
    MOV DPTR,#TABLE1 ;置段码表TABLE1首地址
    SJMP STA    ;跳到STA处
STA1:   MOV DPTR,#TABLE2 ;置段码表TABLE2首地址
STA:    MOV R0,#00H ;R0清零
    MOV R1,#07FH ;显示位数送R1，做位选
    MOV R2,#04H ;把4送到R2

NEXT:   MOV A,R0 ;把R0内容送A，做段选
    MOVC A,@A+DPTR ;查表得表2第1个数据76H
    MOV P0,A ;把A内容送P0，显示字母H
    MOV A,R1 ;把R1内容送A
    MOV P2,A ;把A内容送P2,选择开始导通位
    LCALL DEL ;调用延时
    INC R0 ;R0内容加1，为下一个段码做准备
    RR A ;A内容右移一位
    MOV R1,A ;A内容送R1，位选改变到下一位
    DJNZ R2,NEXT;R2减1不为0跳到NEXT，为0则往下
    SJMP START

DEL:    MOV R5,#20
D1:     MOV R6,#50
D2:     MOV R7,#100
    DJNZ R7,$
    DJNZ R6,D2
    DJNZ R5,D1
    RET

TABLE1: DB 06H,5BH,4FH,66H;显示1234
TABLE2: DB 76H,79H,38H,73H;显示HELP
    END
```

构造目标 'Target 1'
正在汇编 数码管（动态）.asm...
连接中...
正在从 "数码管（动态）" 产生 HEX文件...
"数码管（动态）" - 0 错误 (s)，0 警告 (s).

图8-5 动态显示程序

平，直接跳到 STA1：标号处准备执行 MOV DPTR，#TABLE1 指令，如图8-6所示。

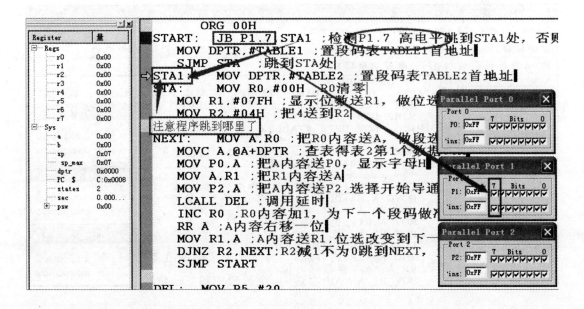

图8-6 P1.7信号检测显示

P1.7 端口的输出信号很重要，它决定了 P0 口输出的内容，若为高电平则直接跳到

STA1 处对表格 TABLE2 进行数据读取，P0 口输出 HELP 的动态显示；若为低电平则顺次往下读取表格 TABLE1，P0 口输出 1234 的动态显示。

连续点击 **⏭**，执行 MOV DPTR，#TABLE2 到 MOV R2，#04H 的四句指令，这几句分别给出表格 2 的首地址，段选清零，给出位选的是初始选通位，设定显示次数，属于程序的初始化阶段，如图 8-7 所示。

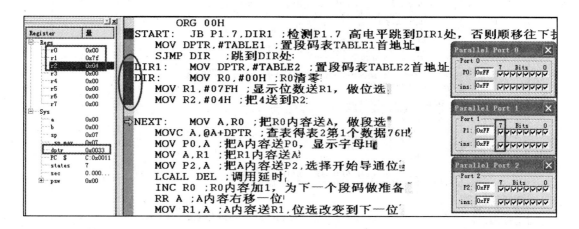

图 8-7　初始化阶段

点击 **⏭**，执行 MOV A，R0 指令，操作后 A 的内容变为零，为查表作准备，如图 8-8 所示。

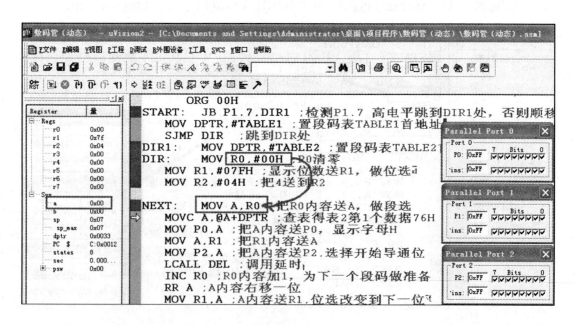

图 8-8　A 清零准备

点击 **⏭**，执行 MOV A，@ A + DPTR 指令，把 A 的内容和数据指针 DPTR 的内容相加作为地址，查找其内部所存的内容，可以发现，存储内容即为表格 2 的第一个数据 76H，如图 8-9 所示。

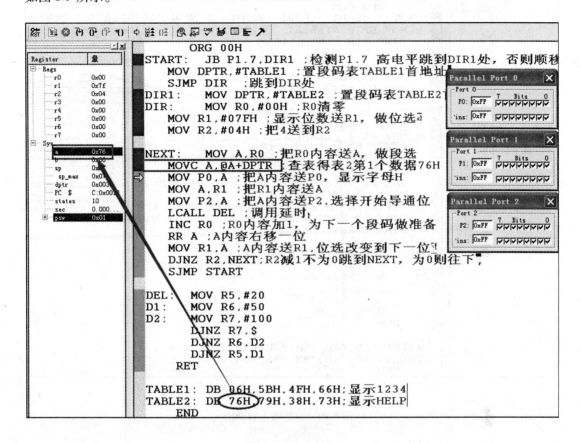

图 8-9 查表数据

点击 🔂 执行 MOV P0，A 指令，将查表所得的数据输入到 P0 口，注意，这个时候只是数据放在 P0 口，在仿真中的 P0 口可以看到变化，如图 8-10 所示。但在四位数码管中还不能显示，因为这个时候只能确定段选，位选还是不能确定的，不确定位选，就不知道四位数码管中哪一个数码管会点亮。就像一个电路，在负载的一端给入信号，但另一端却空置不理，则电路不能形成一个真正的回路；所以程序还要继续往下执行，给出位选端的信号，确定是哪一位数码管导出段码。

连续点击 🔂，执行 MOV A，R1 和 MOV P2，A 两条指令，确定位选端，如图 8-11 所示。

点击 🔂 执行 INC R0 指令，在工程窗口中可以发现 R0 变为 0x01，在前面我们可以看到 R0 的内容是确定段选地址的主要数据，它的改变意味着输出数据会发生变化，所以这句很重要，如图 8-12 所示。

连续点击 🔂 执行 RR A 和 MOV R1，A 指令，在工程窗口中可以发现 R1 变为 0x7F，这是位选数据，决定了最左端的数码管先导通。由于 A 的使用频繁，数值不断发生变化，因此把 A 的内容送到 R1，防止位选数据丢失，如图 8-13 所示。

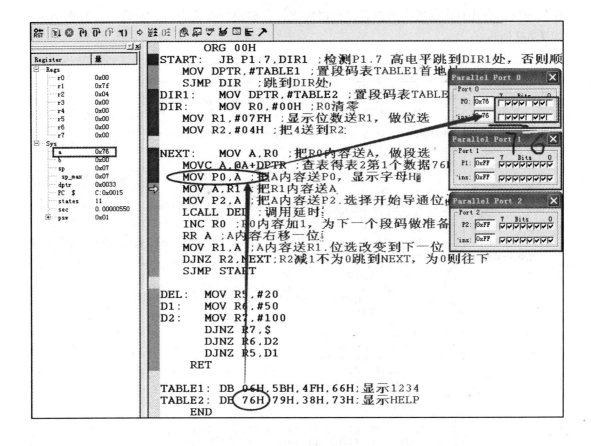

图 8-10　数据输入到 P0

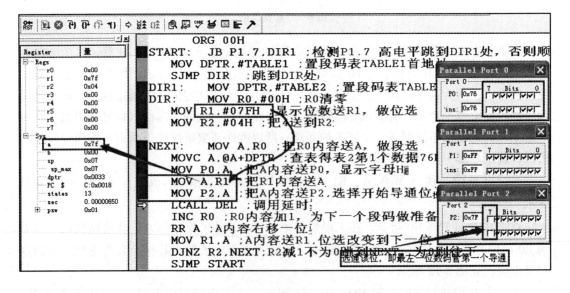

图 8-11　位选实现

点击 执行 DJNZ R2，NEXT 指令，实现数据的动态显示，如图 8-14 所示。

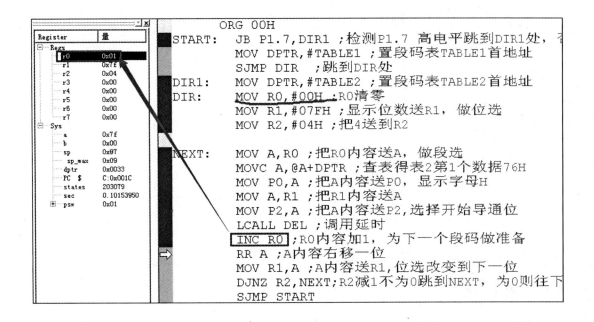

图 8-12 段选位置转移

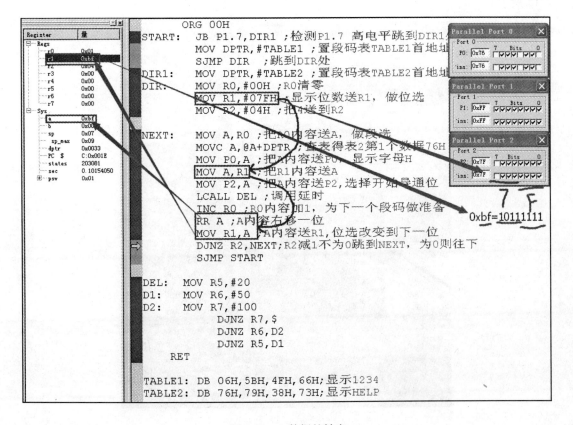

图 8-13 A 数据的转变

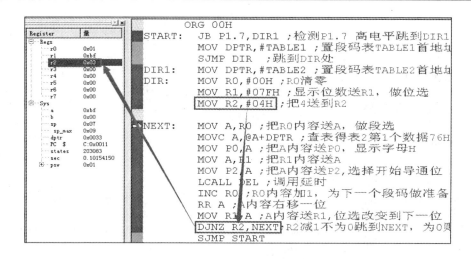

图 8-14　数据循环

8.3.4　硬件调试

连接方法：JP10（P0）和 J12（四位数码管），JP11（P2）和 J12（JP11 实际只用了四个端口）分别用 8PIN 排线连接起来，P1.7 和 K1（其他按键也可）用跳线相接，如图 8-15 所示。

图 8-15　动态显示接线图

8.3.5 效果演示

按键不动，直接运行程序，程序跳到STA1，显示表格2的内容HELP，如图8-16所示。

图 8-16 显示 HELP

按下按键且一直不松，程序跳回START，从上往下依次扫描程序，显示表格1的内容1234，如图8-17所示。

图 8-17 显示 1234

上述现象中不管是HELP还是1234的显示，都是流水效果的，非常好看。但在程序编写时一定要注意在动态显示过程中，各个位的延时时间长短非常重要，如果延时过长，则会出现闪烁现象；如果延时时间太短，则会出现显示暗且重影。所以延时子程序的时间设定非常重要，本项目中给定的延时程序时间较长，大家可以看到每个数据的流动显示，下面将延时程序的时间缩短，给大家参考一下效果，程序如图8-18所示。

改变延时程序后，四位数码管的输出显示非常稳定，如图8-19所示。

从上述显示中我们可以看到动态显示过程中各个数码管被逐个点亮，和前面形容的一样，只要扫描速度足够快，动态显示出来的数据就像是同时点亮的，没有闪烁感，和静态显示一样，却比静态显示少用了很多I/O端口，在输出较复杂的电路中值得推广。

8.3.6 材料准备

动态显示电路中用到的元件，如表8-1所示。

表 8-1 动态显示电路元件清单

序 号	元件名称	元件符号	规格/参数	数 量
1	四位数码管		共阴极	1
2	电阻/kΩ	R2	4.7	1
3	电阻/Ω	R3 ~ R10	470	8
4	按键	K1		1
5	接线端子		8 位	若干
6	导线			若干

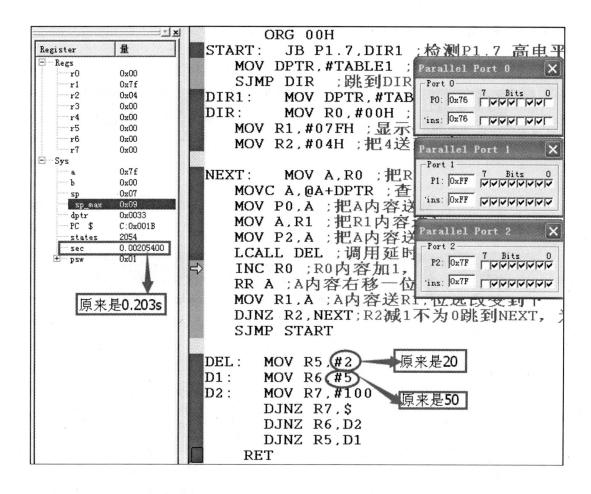

图 8-18　延时程序时间缩短

图 8-19　快速动态显示

8.4　知　识　点

8.4.1　动态显示

　　动态显示是一位一位轮流点亮各位数码管的显示方式，这种逐位点亮显示器的方式称为位扫描。即在某一时段，只让其中一位数码管"位选端"有效，并送出相应的字型显示编码。此时，其他位的数码管因"位选端"无效而都处于熄灭状态；下一时段按顺序选通另外一位数码管，并送出相应的字型显示编码，依此规律循环下去，即可使各位数码管分别间断地显示出相应的字符。各位数码管的段选线相应并联在一起，由一个 8 位的 I/O 口控制；各位的位选线（公共阴极或阳极）由另外的 I/O 口线控制。其动态显示屏如图 8-20 所示。

图 8-20　动态显示屏

　　动态显示比静态显示功耗更低、I/O 口更少，硬件电路也更简单；但其亮度不如静态显示方式，在显示位数较多时，CPU 要依次扫描，占用时间较长。

8.4.2　开关介绍

　　开关（switch）是一种允许电流通过或阻止电流通过的器件。开关的种类非常多，图 8-21 只给出了部分开关，想了解更多型号的开关可以上网搜搜。开关符号如图 8-22 所示。开关的底部都有管脚，与电路符号的引脚对应，使用时将开关的管脚接到电路的相应位置就可以了。在单片机中开关有单独使用的也有组合使用的。在本项目中 P1.7 引脚就使用了一个独立的按钮开关，也可以把开关按要求组成一个开关矩阵，就是我们常说的键盘。不管是独立的按键还是一整个键盘，都是单片机系统中最常用的输入设备，用户能通过它们向计算机输入指令、地址和数据。因为其具有结构简单，使用灵活等特点，所以被广泛应用于单片机系统中。常规下开关与单片机的连接方式有以下两种：

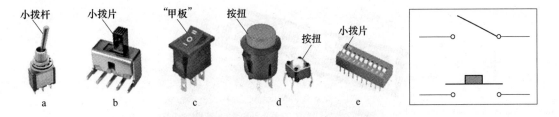

图 8-21　开关类型图　　　　　　　图 8-22　开关符号

a—乒乓开关；b—拨动开关；c—船形开关；d—按钮开关；e—DIP 开关

　　（1）通过 I/O 口连接。将每个按钮的一端接到单片机的 I/O 口，另一端接地，这是最简单的办法，如图 8-23 所示，P1.6 连接独立按键，用于控制该端口的信号，如按键闭合，P1.7 接地，该端口信号为低电平，一直按着就一直保持低电平，松开按键，5V 电源通过电阻引入信号，P1.7 转为高电平。

　　（2）采用中断方式。各个按钮都接到一个与非上，当有任何一个按钮按下时，都会使与门输出为低电平，从而引起单片机的中断，它的好处是不用在主程序中持续地循环查询，如果有键按下，单片机再去做相应的处理，如图 8-24 所示。

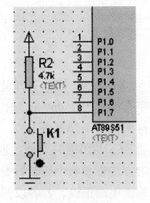

图 8-23　I/O 口连接

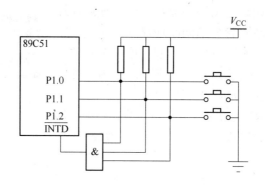

图 8-24　中断方式连接

8.4.3　四位数码管

（1）四位数码管的管脚。四位数码管是一种半导体发光器件，因为在同一个元件上可同时显示四个数码管，所以称为四位数码管，其基本单元还是发光二极管。四位数码管的 8 字高度以英寸为单位，一般为 0.25～20in(6.35～500mm)。长×宽×高：长为数码管正放时，水平方向的长度；宽为数码管正放时，垂直方向上的长度；高为数码管的厚度。四位数码管共有 12 个引脚，字符向上如图 8-25 所示，管脚以逆时针方向依次为 1、2、3、…、12。

图 8-25　四位数码管实物

其中 6、8、9、12 四个管脚是公共端，作位选；1、2、3、4、5、7、10、11 八个管脚分别对应字符的 e、d、dp、c、g、b、f、a 各个段管，作段选。以共阴极四位数码管为例，其内部结构图如图 8-26 所示。

（2）共阴、共阳极的判断。四位数码管和单个数码管一样，也有共阴极和共阳极之分，判断的方法也和单个数码管类似。在四位数码管中的四个公共端中任选一个接电源负极，其他端接电源正极，若各段测试能亮，说明是共阴的，反之则是共阳的。

注意：电源不要太高，最佳导通电压为 1.5～2V，过大则会烧坏数码管。

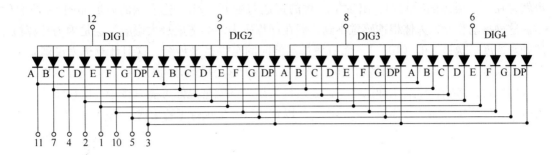

图 8-26　四位数码管管脚接线图

8.4.4　项目相关指令

（1）判位变量转移指令：

JB bit,rel

JNB bit,rel

JBC bit,rel

第一条指令 JB bit，rel 功能是如果指定的 bit 位中的值是 1，则相对转移，不是就依次往下执行。那转移到什么地方去呢？因 rel 表示的是一个地址，所以这条指令也可以写成 JB bit，标号；要记住，标号表示的也是一个地址。

第二条指令的意思大家可以猜一下，它和第一条的意思是相反的。

第三条指令 JBC bit，rel 是如果指定的 bit 位中的值是 1，则相对转移，然后该位清零。看一下例子：JBC P0.0，MAIN；假如 P0.0 位为 1，指令跳到 MAIN 处去执行，然后将 P0.0 位的内容清零，假如 P0.0 位为 0，指令将顺次执行该语句的下一条指令。

（2）判 CY 转移指令。CY 是进位标志，有借位或者溢出的时候置为 1，主要就是判断是否超出范围比如二进制数 10101100，左移一次时左边最高位的 1 被移出，记为 CY = 1，左移第二次 CY = 0，因为向右数第二个数为 0 无进位。

JC rel

JNC rel

第一条指令 JC rel 的功能是如果 CY 等于 1 就转移到 rel 所指的地址执行，如果不等于 1 就依次执行。

第二条指令则和第一条指令相反，即如果 CY = 0 就转移，不等于 0 就依次执行。

8.5　相 关 链 接

开关的抖动问题

组成键盘的按钮有触点式和非触点式两种，单片机中应用的一般是由机械触点组成的。如图 8-27a 所示，当开关 K1 不动作时，P1.7 输入为高电平，K1 闭合后，P1.7 输入为低电平。由于按钮开关是机械触点，当机械触点断开、闭合时，由于弹簧作用会产生抖动现象，也就是在一个很短的时间内，出现了多次的接通与断开。P1.7 输入端的波形如图 8-27b 所示。这种抖动很小，人体根本感觉不到，但在计算机中却会造成极大影响，这是因为计算机的处理速度是微秒级的（10^{-6}），而机械抖动的时间至少是毫秒级，这对计算机来说就是一个"很长很长"的时间。在计算机执行程序时，由于这个抖动时间的存在，会使计算机产生多次误执行，影响程序的正确执行，造成运行失误。也就是说你可能只按了一次按钮，但因为抖动，计算机可能认为你按了若干次，所以在执行时也执行了若干次，程序结果出错。

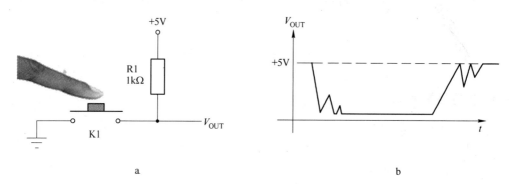

图 8-27　开关抖动变化

a—开关闭合产生的抖动；b—输出电平的变化

　　为使 CPU 能正确地读出 P1 口的状态，对按钮每一次的动作只作出一次响应，去除抖动变成一个非常重要的问题，常用的去抖动的办法有两种：硬件办法和软件办法。单片机中常用软件法，软件法很简单，就是在单片机获得 P1.7 口为低电平输出的信息后，不是立即认定 K1 已被按下，而是延时 10ms 或更长一些时间后再次检测 P1.7 口，如果仍为低电平，说明 K1 的确按下了，这段时间有效地避开了按钮按下时所产生的抖动；而在检测到按钮松开后 P1.7 为高电平是也不会立即认定，而是再延时 5 ~ 10ms，消除抖动，然后再对输入信号值进行处理。实践证明，该方法可有效去除抖动，满足单片机的工作要求。但在实际应用中，开关形式千变万化，要求也是千差万别，要根据不一样的需要来编制处理程序，但消除按键抖动的原则基本上是一样的。

8.6　动　动　手

（1）什么是动态显示？

（2）动态显示的优缺点是什么？

（3）JB P1.7，DIR1 指令的作用是什么？

（4）如何去除开关的抖动问题？

项目9 POV（视觉暂留）趣味制作

9.1 项目目标

（1）掌握单片机接口用于输出时与外部电路的连接方法；

（2）掌握单片机的基本指令，并学会灵活将其应用到现实的生活中；

（3）根据前面掌握的知识，学会综合应用各个指令来编写程序。

9.2 项目内容

在车站、广场、商店门口等很多地方，我们经常会看到一些大的显示屏，这些显示屏不但能显示图形、汉字；甚至还可以播放视屏，其实这就是利用发光二极管点阵模块或像素单元组成的平面式显示屏幕，称为 LED 点阵显示屏。其显示的效果实际上也是 POV 的效果。

POV 即英文 Persistence of Vision 一词的缩写，为"视觉暂留"的意思。每当人的眼睛在观察物体之后，物体映像会在视网膜上保留很短暂的一段时间。在这短暂的时间段里，当前面的视觉形象还没有完全消退，新的视觉形象又继续产生时，就会在人的大脑中形成连贯的视觉错觉。如下雨时，纷纷快速落下的雨滴在我们的眼里就形成了一条条富有诗意的"雨丝"。根据研究表明，人的视觉暂留时间约为 1/24s，这个时间值并非是标准值，会因为观察者和观察物体的亮度等因素的影响发生变化。现代电影根据这一原理，以每秒24 个画格的速度进行拍摄和放映，使得一系列原本不动的拍摄画面在我们眼中产生了连贯的活动错觉影像。

本项目的控制要求：通过单片机的 I/O 口与点阵模块的各行相连接，输出显示字符对应的字模数据，使用单片机的另一个 I/O 口与点阵模块各列相连接进行列选，利用软件编程实现字符"H"的显示。

9.3 项目制作

9.3.1 8×8LED 灯显示的原理图

绘制电路原理图（由于单片机最基本控制模块的电路图是一样的，主要画的是 8×8LED 点阵模块与单片机接口的连接图）。

每一个 8×8LED 点阵模块是由 8 列，每列 8 只发

学以致用 我也动手
制作一个 8×8LED
灯显示吧

光二极管构成的，如果把每列看成是 1 位数码管，每列的 8 只发光二极管对应 1 位数码管的 8 段，那么就可以把 8×8LED 点阵看成 8 位动态显示的数码管，所以其接口和编程跟 8 位动态扫描显示数码管非常相似。

　　8×8LED 点阵模块在与单片机连接时，只要将 8 根行线和 8 根列线分别接在 I/O 口上就可以了。提醒一下：单片机的并行 I/O 接口作为高电平输出驱动时流出的电流很小，不足以点亮发光二极管，必须加驱动电路且 P0 口还要接上拉电阻；而作为低电平驱动时电流能够直接驱动发光二极管，可以不另加驱动电路。8×8LED 点阵模块与单片机的接线图如图 9-1 所示，其中 ROW 的各个端口如图 9-2 中 1 的线排并接于单片机的 P2 口。由于我们的这个点阵是双色光的，但是我们要实现显示"H"只需要一种灯光就好，所以在接线的时候行就只要一个线排就好，喜欢红色的接红色对应的线排，喜欢绿色的可以接绿色对

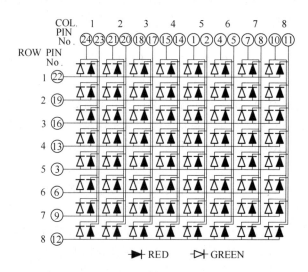

图 9-1　8×8LED 点阵模块与单片机的接线图

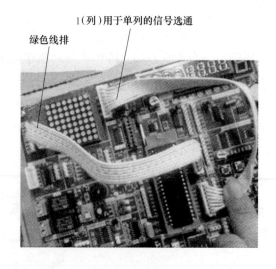

图 9-2　线排接线图

应的线排。

在演示实验时我们采用了绿灯的线排，在实验箱上的接线如图9-2所示。

在电气连接的原理图（如图9-3所示）中，由于P0口作为低电平驱动时灌电流能够直接驱动发光二极管，可以不必另加驱动电路。但是要注意的是如果并行的I/O接口作高电平驱动时流出的电流很小，不足以让发光二极管发光，必须另加驱动电路。驱动电路可以是三极管或任何的TTL逻辑电路，本实验中采用的是单向总线驱动电流74LS245驱动点阵模块，如图9-3所示。想不想了解除了常见的单片机外的另外2个元件，记得去知识点里学习哦。

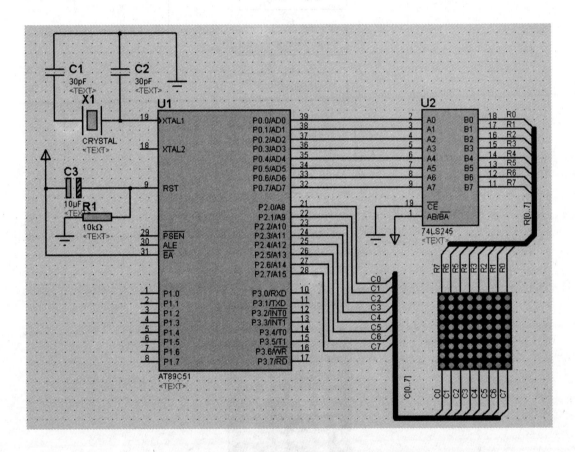

图9-3　8×8LED点阵模块电气连接的原理图

9.3.2　程序编写

点阵显示程序流程图如图9-4所示。

因为8×8LED点阵只能显示一些简单的图形或字符，所以本项的基础任务是利用前面所学的指令进行程序编写（文件名定为8×8LED. asm），使得在8×8LED点阵模块中可以显示字母"H"。其效果如图9-5所示。

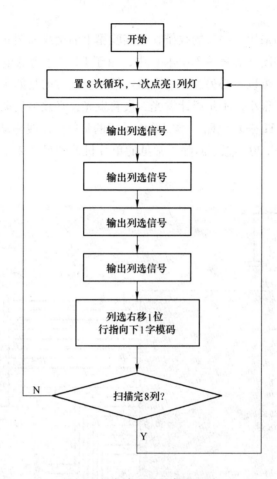

图 9-4　点阵显示程序流程图

图 9-5　8×8LED 点阵模块显示"H"效果图

参考程序为：

1	ORG 00H	；程序入口
2	START:MOV A,#00H	；对累加器 A 清零
3	MOV P0,A	；清屏幕
4	MOV R0,#200	；延时 100ms
5	CALL DELAY	；调用延时子程序

```
6          MOV   R2,#01H      ; R2 为点阵行选地址寄存器,R2 = 01H
7          MOV   R3,#00H      ; R3 为取表指针寄存器,清零
8          MOV   R4,#8        ; 字母"H"共有 8 个字节的数据,表的计数器
9  SCAN_ROW:MOV   A,R2        ; 点阵行选地址 = A = R2
10         MOV   P2,A         ; 从 P2 口输出行选,以选通行
11         RL   A             ; 累加器 A 中的数整体向左移位 1 位
12         MOV   R2,A         ; 将下一次行选地址存回 R2 中
13 SCAN_COLUMN:MOV   A,R3     ; 取表指针 = A = R3
14         MOV   DPTR,#TABLE  ; DPTR 指向 TABLE 表头
15         MOVC A,@ A + DPTR  ; TABLE 中的数据存放到 A 中
16         MOV   P0,A         ; 表中的显示数据从 P0 口输出
17         INC   R3           ; 取表指针 R3 自动增加 1
18         MOV   R0,#10       ; 延时 5ms
19         CALL DELAY         ; 调用延时子程序
20 CLEAR:ANL  P2,#00H         ; 清屏
21         DJNZ R4,SCAN_ROW   ; 如果 R4 不为零,还没有取完 TABLE 中"H"的显示数  据,跳
                                回 SCAN_ROW 继续取表显示
22         JMP   START        ; 如果显示完成后回到 START,依次循环
23 DELAY:                     ; 延时子程序
24         MOV   R1,#10
25 D1:DJNZ R1, $
26         DJNZ R0,D1
27         RET
28    TABLE:
30         DB   0BDH,0BDH,0BDH,81H,0BDH,0BDH,0BDH,0BDH;"H"编码
31         END                ; 程序结束
```

本段程序中的时间延时程序只有一个,而且它实现的是 $500\mu s$ 时间延时,但是通过对 R0 值的修改,可以得到不同的时间,例如上面的程序第 4 行中,给 R0 赋值是 200 之后调用的延时子程序,从而使时间控制在了 100ms。而在第 18 行中,给 R0 赋值是 10 之后调用延时的子程序,从而使时间控制在了 5ms。所以对于时间的修改实质就是修改 R0 的内容,当然它的范围是有限制的,因为 R0 的取值范围为 0~255 之间。如果想要时间更长久只需要再嵌套多一重的循环。

在程序的第 30 行中的 DB 叫做定义字节伪指令,它的功能是从程序存储器指令地址单元开始存放若干字节的数字或 ACSII 码字符。这条指令就是为了给"H"字节定义它对应位的 LED 灯。如图 9-6 所示,为了实现 8×8 发光二极管点阵显示字母"H",需要点亮交点上的发光二极管:P2.0-P0.6、P2.1-P0.6、P2.2-P0.6、P2.3-P0.6、P2.4-P0.6、P2.5-P0.6、P2.6-P0.6、P2.7-P0.6、P2.3-P0.5、P2.3-P0.4、P2.3-P0.3、P2.3-P0.2、P2.0-P0.1、P2.1-P0.1、P2.2-P0.1、P2.3-P0.1、P2.4-P0.1、P2.5-P0.1、P2.6-P0.1、P2.7-P0.1。

在写程序时要注意如果数据采用 16 进制输入,而且数的首位是字母的时候要在字母的前面加 0 来表示这是一个数值。例如 16 进制的 BDH 在第 30 行的程序中要写成 0BDH,

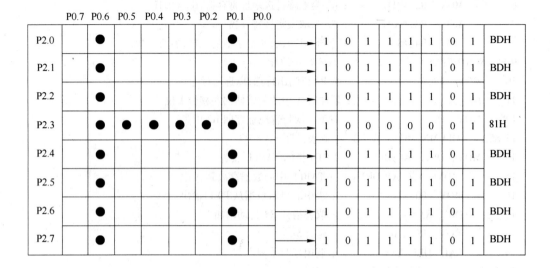

	P0.7	P0.6	P0.5	P0.4	P0.3	P0.2	P0.1	P0.0										
P2.0		●					●		→	1	0	1	1	1	1	0	1	BDH
P2.1		●					●		→	1	0	1	1	1	1	0	1	BDH
P2.2		●					●		→	1	0	1	1	1	1	0	1	BDH
P2.3		●	●	●	●	●	●		→	1	0	0	0	0	0	0	1	81H
P2.4		●					●		→	1	0	1	1	1	1	0	1	BDH
P2.5		●					●		→	1	0	1	1	1	1	0	1	BDH
P2.6		●					●		→	1	0	1	1	1	1	0	1	BDH
P2.7		●					●		→	1	0	1	1	1	1	0	1	BDH

图 9-6　"H"字节定义对应位的 LED 灯

否则在程序调试时就会告诉你出错了。

9.3.3　程序调试、保存及仿真

按程序的书写要求在 Keil51 中写好程序。

打开程序，先编译一下，第一次编译点击![icon]，留意输出窗口的变化，看一下结果的意思，如图 9-7 所示。

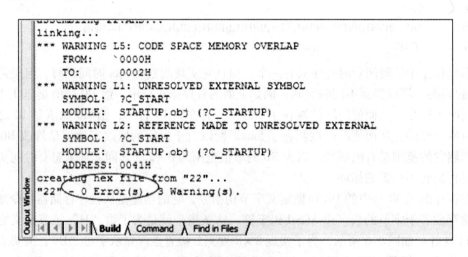

```
linking...
*** WARNING L5: CODE SPACE MEMORY OVERLAP
    FROM:    `0000H
    TO:       0002H
*** WARNING L1: UNRESOLVED EXTERNAL SYMBOL
    SYMBOL:  ?C_START
    MODULE:  STARTUP.obj (?C_STARTUP)
*** WARNING L2: REFERENCE MADE TO UNRESOLVED EXTERNAL
    SYMBOL:  ?C_START
    MODULE:  STARTUP.obj (?C_STARTUP)
    ADDRESS: 0041H
creating hex file from "22"...
"22" - 0 Error(s), 3 Warning(s).
```

图 9-7　编译结果显示图

至于生成 HEX 文件，保存文件等可以参照前面项目的具体介绍。现在我们的侧重点是如何实现程序的软件调试。

在进行程序的调试时，如果让它自动运行，速度是很快的，因为指令的周期一般在 1～4μs，人没有那么快的感知速度，但是 K51 软件中给我们提供了一个单步跟踪运行，通过键盘上的 F11 或菜单栏上的 可以实现。在执行前面的几步主要是定位和转移，我们侧重点在于看 P1 和 P2 口的变化，注意看图 9-8 ~ 图 9-14。

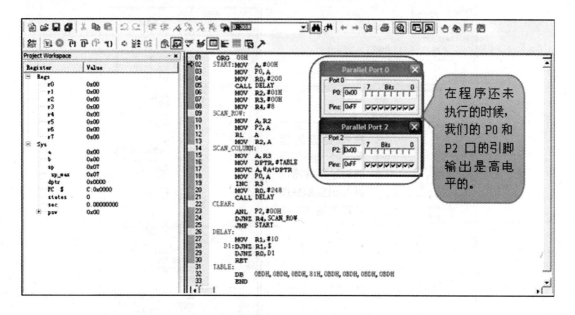

图 9-8　程序调试过程图 1

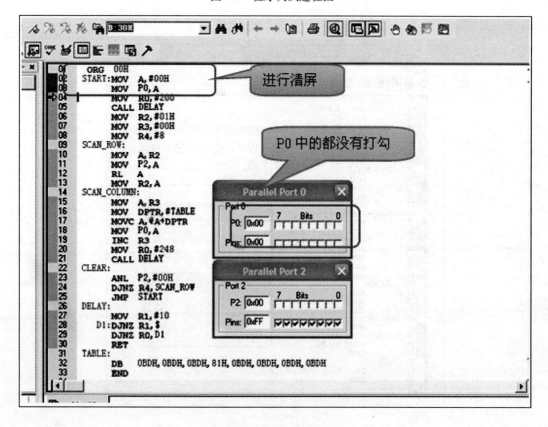

图 9-9　程序调试过程图 2

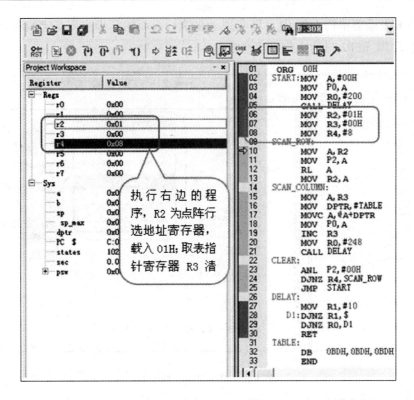

图 9-10 程序调试过程图 3

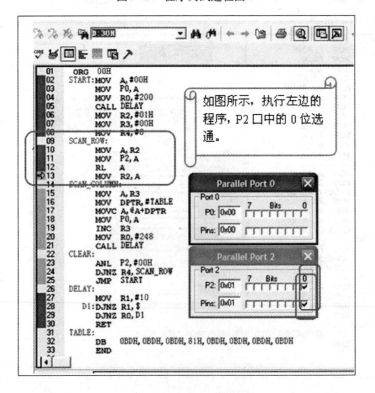

图 9-11 程序调试过程图 4

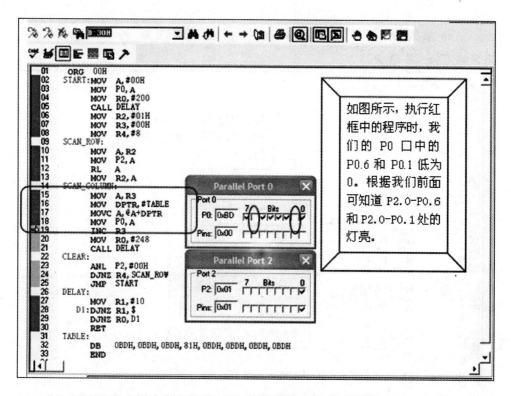

图 9-12　程序调试过程图 5

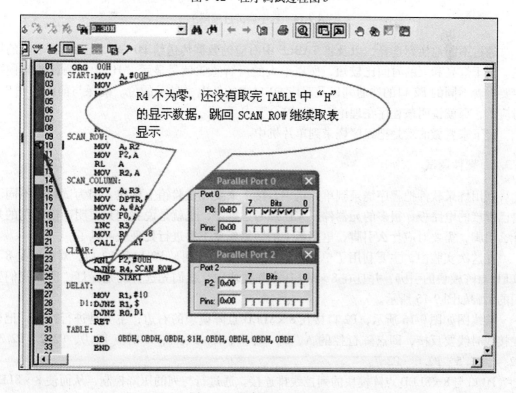

图 9-13　程序调试过程图 6

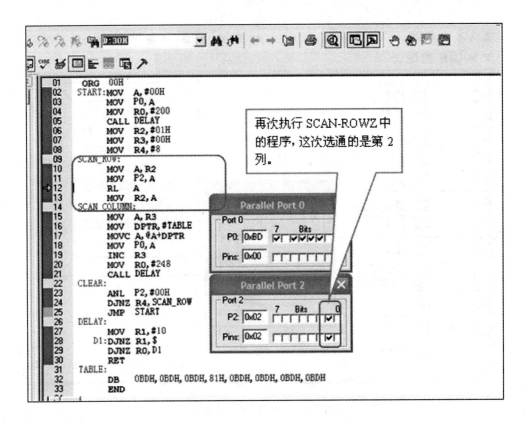

图 9-14　程序调试过程图 7

通过不断地换列选择，以及将 TABLE 中对应的数据传送给 P0 口，从而控制不同的灯亮。由于灯亮和灭的时间比较短，所以给人的短暂感觉就是显示"H"。在调试的时候一定要看着不同的 P2 口的选通列以及对应 P0 口中的低电平显示的位。确保与前面的图 9-6 对应上，那就说明该程序在理论上已经符合要求了。

接下来要做的就是把程序烧录到单片机中。

9.3.4　硬件调试

利用烧录软件把程序烧录到单片机中，接下来要在试验箱上接线。因为试验箱不同于自己焊接的电路板，很多的元器件厂家已经考虑好了，也就是说我们只要明确输出用的是什么引脚，需要对应什么引脚，电路板上的短路帽要不要进行处理就可以了。

在这次实验中，主要利用了单片机的两个 P 口，分别是 P0 口和 P2 口，对接的是 8 × 8LED 点阵模块的引脚，并且在 8 × 8LED 点阵模块中，我们先选择的是绿灯，所以我们要用的引脚如图 9-15 所示。

接线图如图 9-16 所示，P2 口接在 8 × 8LED 点阵模块的右边，主要是进行行选，记得在接线时线要反接，即点阵行控的 A、B、C、D、E、F、G、H 对应 P2.0、P2.2、P2.3、P2.4、P2.5、P2.6、P2.7。

P0 口与 8 × 8LED 点阵模块的列控线排连接。通过行与列的压降控制，从而使 8 × 8LED 点阵模块中的各个 LED 灯可以亮起来。P0 口与 8 × 8LED 点阵模块的接线如图 9-17 所示。

图 9-15　实验板上 8×8LED 点阵模块和单片机引脚图

图 9-16　8×8LED 点阵模块的接线 1

图 9-17　8×8LED 点阵模块的接线 2

9.3.5　效果演示

　　程序在硬件上展示的效果如图 9-18 所示。其实灯是轮着亮的，只是它们变换的时间很短，所以给大家的感觉就好像没有变，但是有点闪。在现实的生活中其实电视等显示器也是这样的，只是它变化的时间太短，所以给人的感觉就像是没有变化。这也是我们前面所说的 POV。

图 9-18　接绿灯的效果显示图

　　实验箱的点阵模块采用的是双色灯，同样的程序，如果想让红灯亮起来的话该怎么做呢？

其实很简单，只要把点阵列控的线排接口接到红的那一列就可以了，如图 9-19 就是线排的接线，以及换了线排后所展现的效果。当然，如果有兴趣的同学还可以把行控和列控调换一下看看效果。由于我们这个主要是用单向总线驱动器进行驱动的，而且 P 口采用的是灌入电流，这已经足够驱动 LED 了。

图 9-19　接红灯的效果显示图

9.4　知　识　点

9.4.1　认识 LED 点阵显示模块

一个 LED 显示屏往往是由若干个点阵显示模块拼成的，而一个点阵显示模块又是由 8×8 共 64 个发光二极管按照一定的连接方式组成的方阵，如图 9-20 所示。点阵在显

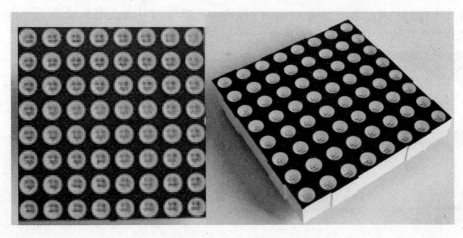

图 9-20　8×8LED 连接方阵

示的时候是采用动态扫描的显示方式。动态扫描显示一列接一列（或是一行接一行）地轮流点亮各个发光二极管，使各行（或各列）轮流受控、依次显示且循环往复的显示方式。

LED 点阵显示屏中的每一个发光二极管代表一个像素，发光二极管的个数越多，代表像素越高，显示的内容就会越丰富。单一个 8×8LED 点阵模块的显示是很局限的，一般情况下只可能显示一些简单的符号，如果想要实现更多的效果，那就需要多个 8×8LED 点阵模块进行组合如图 9-21 所示。下面我们先来认识 8×8LED 点阵模块。

图 9-21　多模块组成的字体显示图

一块 8×8LED 点阵模块是由 64 只发光二极管按一定规律组装成方阵的，将里面的各个二极管引脚按一定规律连接成 8 根行线和 8 根列线，作为点阵模块的 16 根引脚，然后封装起来。按照点阵显示模块的内部连接不同可分为共阳极和共阴极两种。如图 9-1 所示的为共阳极接法，即每一行由 8 个 LED 组成（双色有分红绿），它们的正极都连接在一起，共构成 8 根行线，每一列也是由 8 个 LED 组成，它们的负极都连接在一起，共构成了 8 个列线，如果行线接高电平，列线接低电平，则对应的 LED 就会被点亮。如果站在列的角度上去看，则属于共阴极接法。

要使用 LED 点阵显示模块时首先要了解它的引脚排列，一般它并不会如我们想象的那样按顺序排列，而是为了方便生产而排列的。实物图的引脚如图 9-22 所示。而一般的 8×8LED 点阵模块的引脚其排列如图 9-23 所示。

图 9-22　实物引脚图

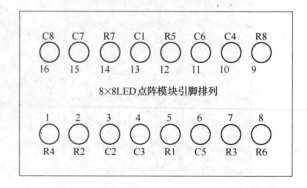

图 9-23　8×8LED 点阵模块引脚排列图

在实际应用中，LED 点阵模块有多种型号，引脚的排列也不尽相同，所以在用之前需要亲自测量或查阅有关的资料（一般都有相对应的出厂说明）。

9.4.2 认识锁存器 74HC573

在 LED 和数码管显示方面，要维持一个数据的显示，往往要持续快速刷新。尤其是在四段八位数码管等这些要选通的显示设备上。在人类能够接受的刷新频率之内，大概每 30ms 就要刷新一次。这不但严重增加了处理器的时间、功耗，还大大削弱了处理器的能力。锁存器的使用可以大大缓解处理器在这方面的压力。当处理器把数据传输到锁存器并将其锁存后，锁存器的输出引脚便会一直保持数据状态直到下一次锁存新的数据为止。这样在数码管的显示内容不变之前，处理器的处理时间和 I/O 引脚便可以释放。可以看出，处理器处理的时间仅限于显示内容发生变化的时候，这在整个显示时间上只是非常少的一部分；而处理器在处理完后可以有更多的时间来执行其他的任务。这就是锁存器在 LED 和数码管显示方面的作用，节省了宝贵的 MCU 时间。

而在我们的单片机这个 8×8 点阵模块显示中就需要用到这么一块锁存器芯片，如图 9-24 所示。

图 9-24 实验板中的锁存器芯片

74HC573 是高性能硅门 CMOS 器件，器件的输入是和标准 CMOS 输出兼容的，加上拉电阻，它们能和 LS/ALSTTL 输出兼容。当锁存器使能端为高时，这些器件的锁存对于数据是透明的，也就是说输出同步。当锁存使能变低时，符合建立时间和保持时间的数据会被锁存。该锁存器输出能直接接到 COMS、NMOS 和 TTL 接口上，操作电压范围为 2～6V，低输入电流为 1μA。其管脚的排列如图 9-25 和图 9-26 所示。

74HC573 各个引脚的功能表，如表 9-1 所示。

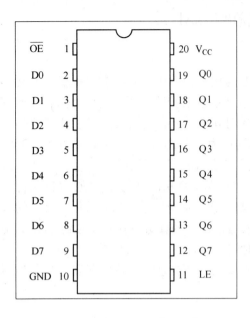

图 9-25　锁存器芯片管脚的排列图

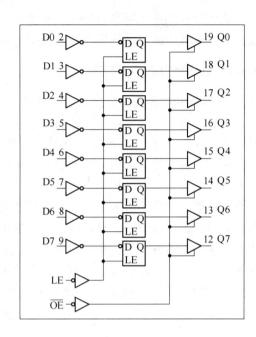

图 9-26　锁存器芯片内部电路图

表 9-1　锁存器芯片管脚的名称及功能

引　脚　号	符　号	名　称　及　功　能
1	OE	3 态输出使能输入（低电平）
2～9	D0～D7	数据输入
12～19	Q0～Q7	3 态锁存输出
11	LE	锁存使能输入
10	GND	接地（0V）
20	V_{CC}	电源电压

输入使能端与输出的真值表，如表 9-2 所示。

表 9-2　输入输出真值表

输　入			输　出
OE	LE	D	Q
0	1	1	1
0	1	0	0
0	0	×	不变
1	×	×	高阻态

注：× 表示 1 或 0。

74HC573 的最大范围值，要是超过这个值，元器件将损坏，其具体值如表 9-3 所示。

表9-3 锁存器芯片的参数值

符 号	参 数	数 值	单 位
V_{CC}	DC 供电电压	-0.5 ~ +7.0	V
V_{IN}	DC 输入电压	-1.5 ~ V_{CC}+1.5	V
V_{OUT}	DC 输出电压	-1.5 ~ V_{CC}+0.5	V
I_{IN}	每一个 PIN 的 DC 输入电流	20	mA
I_{OUT}	每一个 PIN 的 DC 输出电流	35	mA
I_{CC}	DC 供电电流，V_{CC} 和 GND 之间	75	mA
P_D	在自然环境下，PDIP 和 SOIC 封装下的功耗	750/500	mW
T_{stg}	存储温度	-65 ~ +150	℃
T_L	引线温度，10s(PDIP、SOIC)	260	℃

这个元器件带有保护电路，以免被告的静态电压和电场损坏。然而，对于高阻抗电路，必须采取预防措施，以免电路超载工作。V_{IN} 和 V_{OUT} 应该被约束在 GND≤（V_{IN} 或 V_{OUT}）≤V_{CC}。不用的输入管脚必须连接一个适合的逻辑电平（也就是高电平或是低电平）。而没有用的输出管脚必须悬空。所以该器件有一定的使用操纵条件，其推荐操作的参考条件如表9-4 所示。

表9-4 推荐操作的参考值

符 号	参 数	最 小	最 大	单 位
V_{CC}	DC 供电电压	2.0	6.0	V
V_{IN} , V_{OUT}	DC 输入电压，输出电压	0	V_{CC}	V
T_A	所有封装的操作温度	-55	+125	℃
t_r , t_f	输入上升和下降时间 V_{CC}=2.0V V_{CC}=4.5V, V_{CC}=6.0V	0/0/0	1000/500/400	ns

9.5 动 动 手

（1）修改程序，让 8×8LED 点阵模块显示以下的字符。

	P0.7	P0.6	P0.5	P0.4	P0.3	P0.2	P0.1	P0.0
P2.0		●	●	●	●	●		
P2.1		●					●	
P2.2		●					●	
P2.3		●	●	●	●	●		
P2.4		●					●	
P2.5		●					●	
P2.6		●					●	
P2.7		●	●	●	●	●		

尝试其他字符的显示。

（2）想一想，能否让这些字符动起来，并进行程序改编。

项目 10 十字路口交通灯的控制

10.1 项目目标

（1）掌握单片机接口用于输出时与外部电路的连接方法；
（2）掌握单片机的中断控制基本概念及其相关应用；
（3）根据前面掌握的知识，学会综合应用各个指令及中断控制来编写程序。

10.2 项目内容

随着汽车及道路交通的发展，为了行人及行车的安全，道路上到处都设有交通灯。而十字路口的交通灯极为常见。今天，我们开启的就是利用单片机来控制十字路口的交通灯，然后通过中断控制来实现突发状况下的紧急控制。

本项目的主要内容并不是编写控制十字路口的交通灯，因为控制灯的亮灭我们前面已经学过了，本项目的主要目的是掌握利用中断来控制突发情况需要控制各个方向的交通灯，从而达到想要的效果。例如，本来是南北亮红灯，东西亮绿灯，但由于遇到特殊的情况，需要南北亮绿灯，东西亮红灯，且时间要大于原本交通灯正常工作设定的时间，那么就需要一个控制端，而在单片机中，实现这个工作的就是我们的中断系统。

本项目的控制要求：编写程序实现控制板的交通灯模块控制。在正常的情况下，一开机单片机复位后，首先东西绿灯亮，南北红灯亮，时间 90s；90s 后两个方向的红绿灯灭，黄灯亮，时间为 2s；2s 后东西的绿灯转红灯，南北的红灯转绿灯，时间 90s；接着亮黄灯2s，再回到最初状态依次循环。另外在东西方向和南北方向各设置紧急开关 1 个，利用外部中断实现中断。紧急开关闭合时，相应方向切换成绿灯。

10.3 项目制作

十字路口交通灯一会变红、一会变黄、一会又变绿，怎么设置的呢？

10.3.1　电路原理图

由于十字路口交通灯单片机最基本的控制模块的电路图与前面所讲内容的图基本相同，本项目主要讲灯控的原理图。

该电路主要体现的是南北和东西两个方位各 6 盏灯。P1.0 接的是东西向的绿灯，P1.1 接的是东西向的黄灯，P1.2 接的是东西向的红灯。P1.3 接的是东西向的绿灯，P1.4 接的是东西向的黄灯，P1.5 接的是东西向的红灯（见图 10-1）。

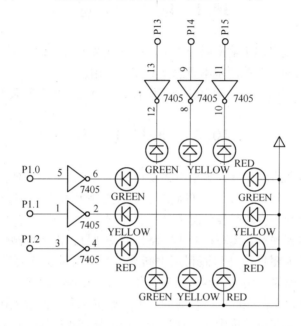

图 10-1　十字路口交通灯图

该电路图与实验板的对应如图 10-2 所示。红色框中的灯表示的是东西向，从左到右分别对应红（P1.2），黄（P1.1），绿（P1.0）。绿色框中的灯表示的是南北向，自上而下

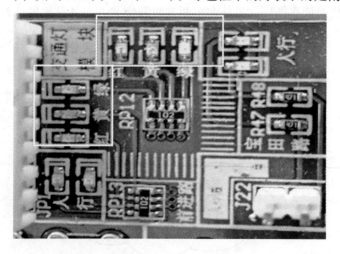

图 10-2　实验板上的十字路口交通灯

分别对应绿（P1.3），黄（P1.4），红（P1.5）。

　　分析电路原理，各输出管脚上电默认为高电平，只有 P1 口的各引脚输出为低电平时，才能控制灯亮。也就是说我们只要在不同时刻控制 P1 口的各个引脚的电平就可以实现我们需要的功能。

10.3.2　程序编写

　　交通灯的部分程序代码如图 10-3 所示，将文件名定为交通灯.asm。

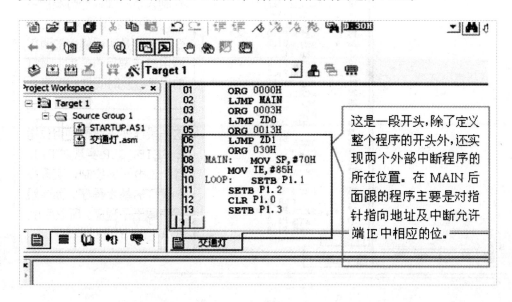

图 10-3　开始阶段程序

　　在 51 系列的单片机的程序存储器中，有些单元具有特殊的功能，如 0000H～0002H，单片机系统复位后，（PC）=0000H，所以单片机将从 0000H 开始取指令执行程序。还有另外的一组特殊单元 0003H～002AH，共 40 个单元。这 40 个单元被均匀的分成 5 段，对应 5 个中断源的中断地址区：0003H～000AH 外部中断 0 中断地址区；000BH～0012H 定时/计数器 0 中断地址区；0013H～001AH 外部中断 1 中断地址区；001BH～0022H 定时/计数器 1 中断地址区；0023H～002AH 串行中断地址区。

　　由于 PC 值复位后为 0000H，但是真正的程序并不是从这里开始的，所以很多的时候就在 0000H～0002H 这三个单元中存放一条无条件转移指令，以便让 CPU 直接转去执行用户指定的程序。而 0003H～002AH 这 40 个单元作为特殊功能应用，也不能随便占用，所以在书写主程序的时候也要避开这些单元，主程序不能写在这些单元内。

　　而对于各个中断地址区只有 8 个字节单元，但通常情况下 8 个字节单元难以存下一个完成的中断程序，所以很多的时候我们也会在这个中断地址区内的首地址单元开始存放一条无条件转移指令，指向程序存储器存放中断处理程序的空间，当中断响应后，CPU 在通过中断地址区读到这条转移指令后，便可以去该空间继续执行真正的中断处理程序（见图 10-4 和图 10-5）。

　　图 10-6 中的两段小程序分别是 2s 和 90s 的时间控制程序。

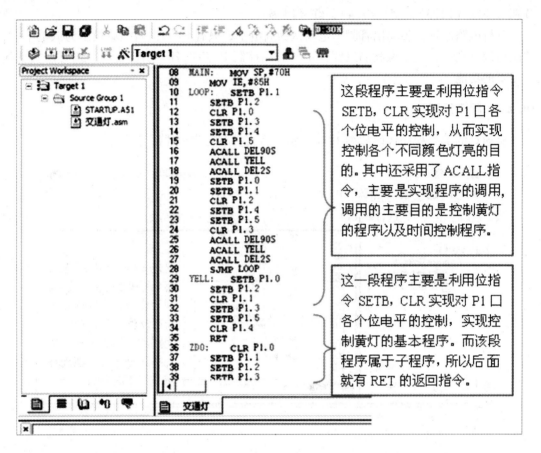

图 10-4 程序中指令的应用 1

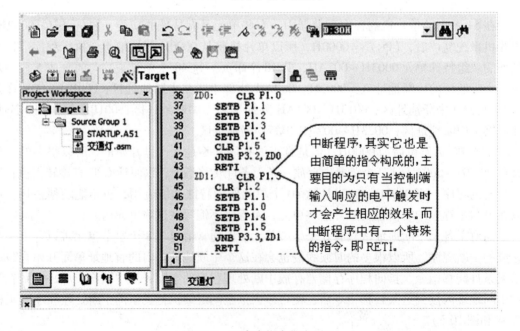

图 10-5 程序中指令的应用 2

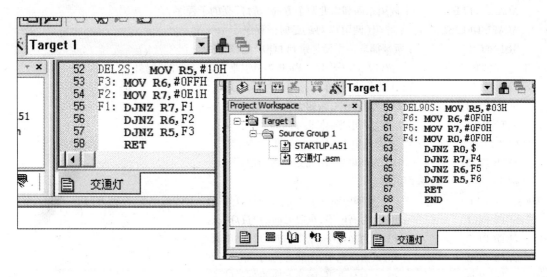

图 10-6 时间控制程序

程序的具体分析为：

```
ORG 0000H          ;程序入口
LJMP MAIN          ;转向主程序
ORG 0003H          ;外部中断0的入口地址
LJMP ZD0           ;转向外部中断0中断服务程序
ORG 0013H          ;外部中断1的入口地址
LJMP ZD1           ;转向外部中断1中断服务程序
ORG 0030H          ;主程序MAIN从地址0030H开始
MAIN: MOV SP,#70H      ;主程序开始。设定堆栈指针为70H
      MOV IE,#85H      ;允许外部中断0,外部中断1中断
LOOP: CLR P1.0      ;P1.0为低电平,东西方向的"绿灯"亮
      SETB P1.1      ;P1.1为高电平,东西方向的"黄灯"灭
      SETB P1.2      ;P1.2为高电平,东西方向的"红灯"灭
      SETB P1.3      ;P1.3为高电平,南北方向的"绿灯"灭
      SETB P1.4      ;P1.4为高电平,南北方向的"黄灯"灭
      CLR P1.5      ;P1.5为高电平,南北方向的"红灯"亮
      ACALL DEL90S      ;呼叫(调用)90秒的延时子程序
      ACALL YELL      ;调用东西和南北两个方向"黄灯"亮的子程序
      ACALL DEL2S      ;呼叫(调用)2秒的延时子程序
      SETB P1.0      ;P1.0为低电平,东西方向的"绿灯"灭
      SETB P1.1      ;P1.1为高电平,东西方向的"黄灯"灭
      CLR P1.3      ;P1.3为高电平,南北方向的"绿灯"亮
      CLR P1.2      ;P1.2为高电平,东西方向的"红灯"亮
      SETB P1.4      ;P1.4为高电平,南北方向的"黄灯"灭
      SETB P1.5      ;P1.5为高电平,南北方向的"红灯"灭
      ACALL DEL90S      ;呼叫(调用)90秒的延时子程序
```

```
        ACALL YELL          ;调用东西和南北两个方向"黄灯"亮的子程序
        ACALL DEL2S         ;呼叫(调用)2秒的延时子程序
        SJMP LOOP           ;重复循环。主要是跳到LOOP处循环执行。
YELL:   SETB P1.0           ;黄灯亮的子程序。P1.0为低电平,东西方向的"绿灯"灭
        CLR P1.1            ;P1.1为低电平,东西方向的"黄灯"亮
        SETB P1.2           ;P1.2为高电平,东西方向的"红灯"灭
        SETB P1.3           ;P1.3为高电平,南北方向的"绿灯"灭
        CLR P1.4            ;P1.4为低电平,南北方向的"黄灯"亮
        SETB P1.5           ;P1.5为高电平,南北方向的"红灯"灭
        RET                 ;子程序返回
ZD0:    CLR P1.0            ;外部中断0子程序从ZD0开始。P1.0为低电平,东西方向的"绿灯"亮
        SETB P1.1           ;P1.1为高电平,东西方向的"黄灯"灭
        SETB P1.2           ;P1.2为高电平,东西方向的"红灯"灭
        SETB P1.3           ;P1.3为高电平,南北方向的"绿灯"灭
        SETB P1.4           ;P1.4为高电平,南北方向的"黄灯"灭
        CLR P1.5            ;P1.5为低电平,南北方向的"红灯"亮
        JNB P3.2,ZD0        ;位转移指令当P3.2为低电平时,反复执行ZD0,否则顺序执行
        RETI                ;中断子程序返回
ZD1:    SETB P1.0           ;外部中断1子程序从ZD1开始。P1.0为高电平,东西方向的"绿灯"灭
        SETB P1.1           ;P1.1为高电平,东西方向的"黄灯"灭
        CLR P1.2            ;P1.2为低电平,东西方向的"红灯"亮
        CLR P1.3            ;P1.3为低电平,南北方向的"绿灯"亮
        SETB P1.4           ;P1.4为高电平,南北方向的"黄灯"灭
        SETB P1.5           ;P1.5为高电平,南北方向的"红灯"灭
        JNB P3.3,ZD1        ;位转移指令当P3.3为低电平时,反复执行ZD1,否则顺序执行
        RETI                ;中断子程序返回
DEL2S:  MOV R5,#10H         ;DEL2S是2秒的延时子程序
F3:     MOV R6,#0FFH        ;
F2:     MOV R7,#0E1H        ;
F1:     DJNZ R7,F1          ;
        DJNZ R6,F2          ;
        DJNZ R5,F3          ;
        RET                 ;
DEL90S: MOV R5,#03H         ;DEL90S是90秒的延时子程序
F6:     MOV R6,#0F0H        ;
F5:     MOV R7,#0F0H        ;
F4:     MOV R0,#0F0H        ;
        DJNZ R0,$           ;
        DJNZ R7,F4          ;
        DJNZ R6,F5          ;
        DJNZ R5,F6          ;
        RET                 ;
        END                 ;程序结束
```

延时时间程序主要是利用循环比较指令 DJNZ 和循环的多重嵌套，通过指令运行的时间来进行时间的计算。

10.3.3　程序调试、保存及仿真

打开程序：先编译一下：第一次编译点击▦，留意输出窗口的变化，结果如图 10-7 所示。

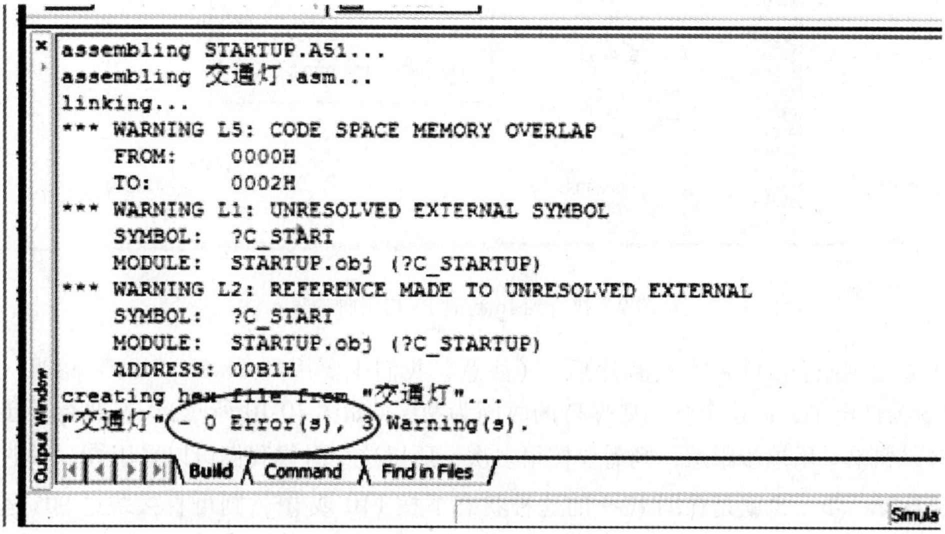

```
× assembling STARTUP.A51...
  assembling 交通灯.asm...
  linking...
  *** WARNING L5: CODE SPACE MEMORY OVERLAP
      FROM:    0000H
      TO:      0002H
  *** WARNING L1: UNRESOLVED EXTERNAL SYMBOL
      SYMBOL:  ?C_START
      MODULE:  STARTUP.obj (?C_STARTUP)
  *** WARNING L2: REFERENCE MADE TO UNRESOLVED EXTERNAL
      SYMBOL:  ?C_START
      MODULE:  STARTUP.obj (?C_STARTUP)
      ADDRESS: 00B1H
  creating hex file from "交通灯"...
  "交通灯" - 0 Error(s), 3 Warning(s).
```
Build ╲ Command ╲ Find in Files ╱

图 10-7　编译结果显示图

至于生成的 HEX 文件，保存文件等可以参照前面项目的介绍。这里的侧重点是如何实现程序的软件调试。

在进行程序调试时，如果让它自动运行，速度是很快的，因为指令的周期一般在 1～4μs，人没有那么快的感知速度，但是 K51 软件中给我们提供了一个单步跟踪运行功能，通过键盘上的 F11 或菜单栏上的▦可以实现。在执行前面的几步主要是定位和转移，侧重点在于看 P1 口的变化。

调试 1：图 10-8 中的箭头实际上对应着我们的 PC，它始终指向下一条即将执行的指令。而 P1 口外引脚都属于高电平。

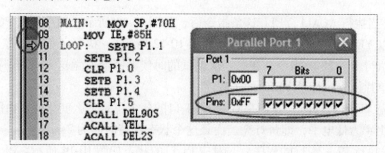

```
08  MAIN:  MOV  SP,#70H
09         MOV  IE,#85H
10  LOOP:  SETB P1.1
11         SETB P1.2
12         CLR  P1.0
13         SETB P1.3
14         SETB P1.4
15         CLR  P1.5
16         ACALL DEL90S
17         ACALL YELL
18         ACALL DEL2S
```
Parallel Port 1
Port 1
　　　　　　7　Bits　0
P1: 0x00
Pins: 0xFF

图 10-8　P1 口引脚的显示

　　调试 2：当执行第 10 行程序之后，P1.1 变为高电平，其余为低电平。这个时候大家肯定会问，那不就其他灯都亮了，其实这条程序的执行时间只有 1μs，在硬件调试的时候是不可能被反映出来的。所以说软件调试有软件调试的好处，可以把不切实际的时间进行暂时的暂停。但也说明另一个问题，软件调试不能代替硬件的调试。

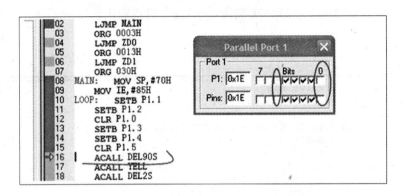

图 10-9　执行到 16 行时 P1 口引脚的显示

　　调试 3：执行第 11 ~ 15 行程序后。（注意，我们主要用到 P1.0 ~ P1.5）可见，P1.0和 P1.5 为低电平，而这个状态要保持的时间为 90s（如图 10-10 所示）。在执行单步执行指令时，如果采用单步跟踪，则需要按很多次，所以这个时候我们可以采用 ，跳过子程序，执行下一步，也就是在图 10-9 的这种状态下按 F10 或 ，则可直接跳过 90s 运行的子程序，如图 10-11 所示，图中小箭头由第 16 行程序跳到第 17 行程序。

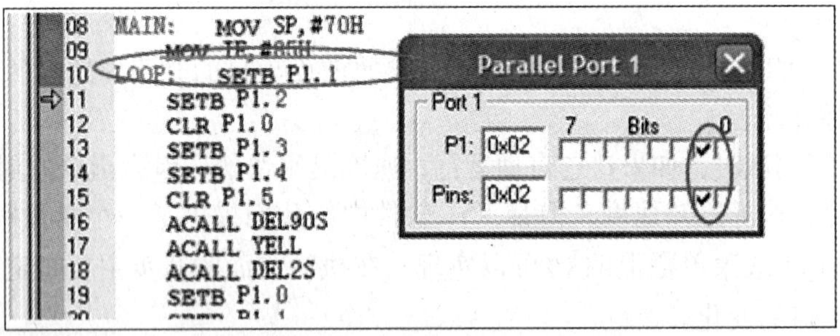

图 10-10　程序执行中 P1 口引脚的显示

　　调试 4：当执行 ACALL YELL 这条指令后，如图 10-11 所示，图中代表 PC 指针的小箭头就会跳到以 YELL 作为标号的指令前（如图 10-12 所示）。执行子程序，等子程序 YELL执行完后再执行 18 ~ 28 的指令，在第一次调试的时候大家会发觉这 11 行程序还有没执行过的，因为单片机先执行了 YELL 的子程序。

　　当执行完 YELL 程序时，我们来看一下 P1 口的各个位是怎么变化的。由图 10-13 中所示 P1.1 和 P1.4 为低电平，即黄灯亮。而且这个状态保持时间为 2s。

　　调试 5：执行 19 ~ 24 行的程序后，对应 P1 口的状态如图 10-14 所示。P1.2 和 P1.3 为低电平，该状态的保持时间为 90s。

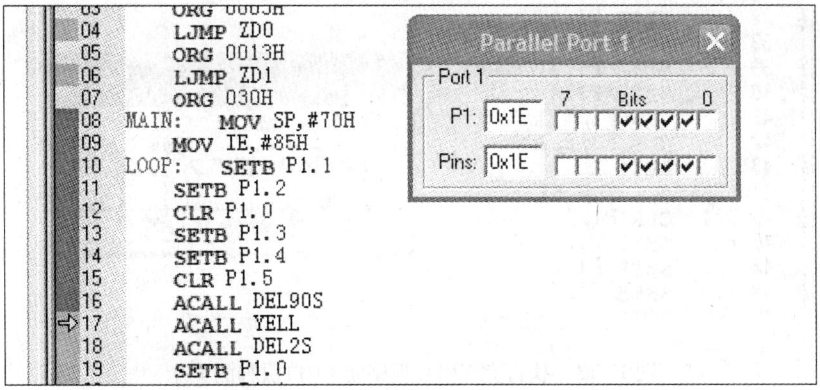

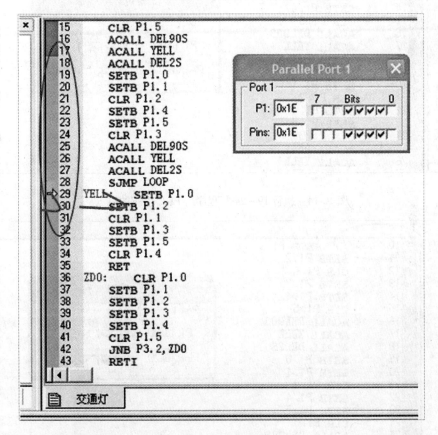

图 10-11 执行到 17 行时 P1 口引脚的显示

图 10-12 跳跃过的阶段程序

接下来就是执行延时 90s 程序、YELL 程序和延时 2s 程序，和前面调试 3、4 一样。当执行到第 28 行程序时，程序返回到 LOOP 地址处，再从头开始执行（如图 10-15 所示）。只要没有特殊情况出现，程序将依次循环执行。

调试 6：前面涉及的都是正常程序的调试，好像跟中断没有关系。不着急，下面就来稍微体验一下中断控制的魅力。

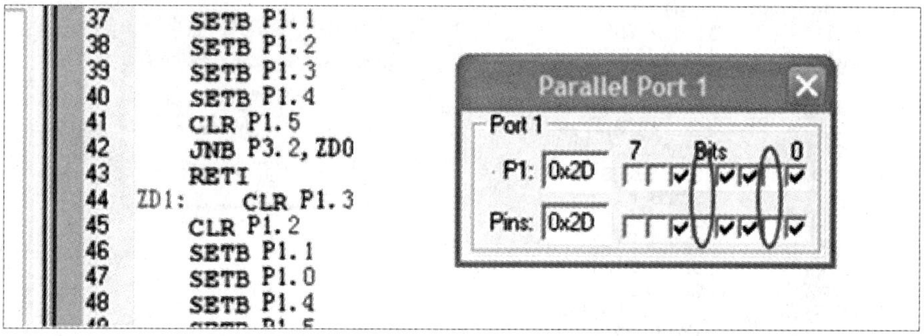

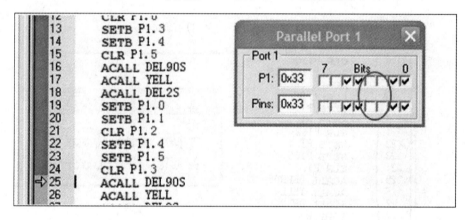

图 10-13　执行完 YELL 程序时 P1 口引脚的显示

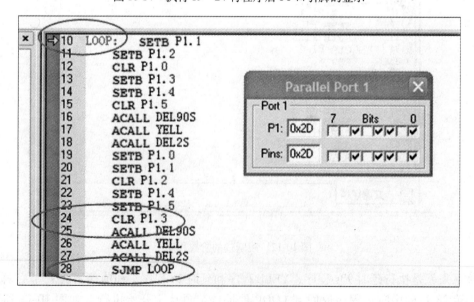

图 10-14　执行 19～24 行程序后 P1 口引脚的显示

图 10-15　循环型程序

　　当我们将 P3 口中对应的 P3.2 设置为低电平时，则程序从原本顺序执行的指令位置转移到外部中断 0 的入口 0003H 处，接着执行 ZD0 对应的程序，如图 10-16 所示。

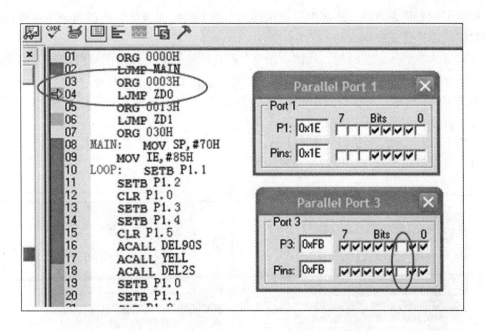

图 10-16　外部 0 中断的入口

当我们将 P3 口中对应的 P3.3 设置为低电平时，则程序从原本顺序执行的指令位置转移到外部中断 1 的入口 0013H 处，接着执行 ZD1 对应的程序，如图 10-17 所示。

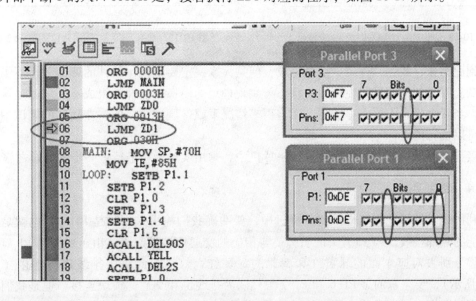

图 10-17　执行中断后 P1 口和 P2 口的显示

在调试的时候可能会出现这种情况，如果先进入外部中断 0，那么程序就必须先执行外部中断 0 的程序后再去实现外部中断 1，可是如果先执行外部中断 1，当外部中断 0 来的时候程序会只执行一次外部中断 1，就跑去执行外部中断 0 了，也不管外部中断 1 是否处于触发状态。外部中断 0 怎么就这么霸道啊？其实不是它霸道，为了避免程序的逻辑混乱，规定了一个优先等级。外部中断 0 比外部中断 1 的优先级高，所以当两个中断同时触发的时候就选择优先级别高的。

在调试的时候一定要清楚，外部中断 0（ZD0）控制的是东西的绿灯亮还是南北的红灯亮。而外部中断 1（ZD1）控制的是南北的绿灯亮还是东西的红灯亮。

如图 10-18 所示，当执行完中断 0 后，P1 口中的 P1.0（东西的绿灯）和 P1.5（南北的红灯）处于低电平状态，即触发该对应的灯亮。

如图 10-19 所示，当执行完中断 1 后，P1 口中的 P1.3（南北的绿灯）和 P1.2（东西的红灯）处于低电平状态，即触发该对应的灯亮。

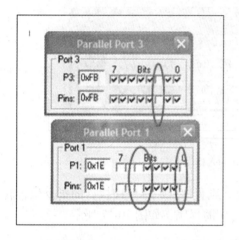
图 10-18　外中断 0 触发时 P 口的显示 1

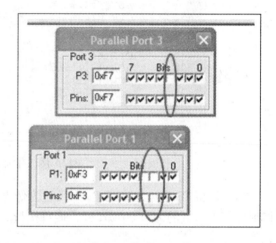
图 10-19　外中断 0 触发时 P 口的显示 2

到此为止，我们软件调试部分完成，但是大家一定要记得，软件的调试替代不了硬件的调试。因为软件调试是在理想的状态下实现理想的模拟，硬件的组成不一定就是这样的状态，当然大家也不要心存怯意，因为很多情况下软件调试完成的，在硬件的调试中也是同样可以执行的。

接下来要做的就是把程序烧录到单片机中，拿出实验板，进行进一步的探索之旅。

10.3.4　硬件调试

利用烧录软件把程序烧录到单片机中，要明确我们输出采用的是 P1 口，也就是要实现功能的外部接线，P1 口有关的引脚要与相应的交通灯连接起来，由于要用到 P1 口的六个引脚分别去对应东西的绿黄红和南北的绿黄红六灯，在此采用排线进行连接（如图 10-20 所示），要注意的是 P1.6 和 P1.7 虽然随着排线也和交通灯模块连接，但是我们并没有利用到它们，所以我们在调试的时候千万别把它们跟实际的混淆了。

再如图 10-21 所示，各个引脚与灯的对应关系。

10.3.5　效果演示

来看一下我们的演示效果。第一步就是要看正常情况下的运行，准备好计时器，因为我们需要对时间有一定的把握。时间是写不出来的，所以就要靠大家自己用工具跟着做好

图 10-20 实验板上的接线图

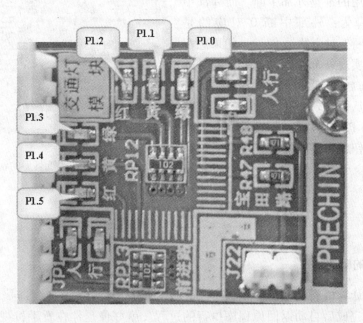

图 10-21 实验板上的灯与 P 口的对应

调试的准备，即用计时器进行计时。一启动，就进入如图 10-22 所示的状态，保持此状态 90s。

当 90s 后，灯亮就进入了如图 10-23 所示的状态，并且此状态也要保持 2s。2s 后，亮灯的情况就进入如图 10-24 所示的状态，同时保持 90s，再次进入如图 10-23 所示的状态。在没有外部干扰的情况下，又再一次从图 10-22 开始，并如此循环。

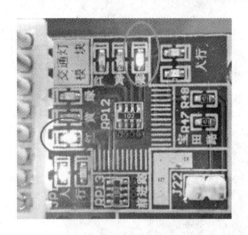

图 10-22　启动时的初态

图 10-23　黄灯显示

当外部出现中断的时候，又是怎么样的一种状况呢？根据前面的分析，我们清楚的知道，在程序中我们设置了两个中断，而且这两个中断采用的都是外部中断。而外部中断对应的引脚为：外部中断 0 对应的是 P3.2，外部中断 1 对应的是 P3.3。如果想在硬件调试上去实现外部中断的功能，就必须要给对应的引脚加入低电平，使其可以进行有效的触发，从而实现中断的功能。其实外部中断对应的 P3.2，P3.3 类似两个由电平触发急停的按钮，在需要的时候可以实现急停功能。

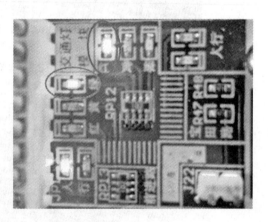

图 10-24　变灯后的状态

10.4　知　识　点

10.4.1　中断的概述

中断是指计算机暂时停止原程序的执行转而为外部设备服务，即执行中断服务程序，并在服务完成后自动返回原程序执行的过程。就好像是你在看手机视频，突然有人给你打来了电话，不得不停止看视频转而接听电话，只有听完电话后才回去看视频。我们可以把看视频当作主程序，而电话来是中断响应，而当中断响应了就要先处理中断的服务程序（比如接听电话跟来电者聊天），之后再返回原来看视频的地方继续看，这就是中断的返回了。所以中断的步骤一般含有 4 个：中断请求、中断响应、中断处理和中断返回。

　　中断的好处。可以提高 CPU 的工作效率和提高实施数据的处理时效。CPU 有了中断就是通过分时操作启动多格外设同时工作，并对它们进行统一管理。CPU 执行人们在主程序中安排的有关指令可以令外设与它并行工作而且任何一个外设在工作完成后都可以通过中断得到满意服务。因此，CPU 在与外设交换信息时是通过中断就直接执行减小不必要的等待和查询，从而大大提高它的工作效率。就像一个比较完善的管理机构，总会有一个主管加几个分管，主管不可能事事都亲力亲为，他要做的只是将例如市场调查部给出的市场情况反馈给销售部门，让销售部门根据有用的信息采取相应的措施。至于市场调查部如何给出数据及销售部门如何进行产品销售，那就是他们的问题了。所以说很多时候中断要的就是中断程序中执行的一个结果。而计算机对实时数据的处理时效常常是被控制系统的生命。CPU 有了中断功能，系统的失常和故障就可以通过中断立刻通知 CPU，使它可以迅速采集实时数据和故障信息，并对系统作出应急处理。

　　中断的分类：主要是外中断和内中断。外中断是由 CPU 以外的原因引起的，通过硬件电路付出中断请求，因此把这类中断称为硬件中断。如我们上面中断的交通灯就是一个外部中断控制的实例。而内部中断是指由 CPU 内部原因引起的中断，由于这类中断发生在 CPU 的内部，因此称为内中断。

　　中断的向量表如表 10-1 所示。

表 10-1　中断的向量表

中　断　源	向　量　地　址	中断标志位	中断自然优先级
外部中断 0（$\overline{\text{INT0}}$）	0003H	IE0	最高级
Timer 0 中断（TF0）	000BH	TF0	
外部中断 1（$\overline{\text{INT1}}$）	0013H	IE1	
Timer 1 中断（TF1）	001BH	TF1	
串行通信中断（RI/TI）	0023H	TI/RI	最低级

10.4.2　中断系统控制

　　中断相关的几个寄存器。

10.4.2.1　SCON　串行口控制寄存器

　　串行口控制寄存器各标志位见表 10-2。

表 10-2　串行口控制寄存器各标志位

D7	D6	D5	D4	D3	D2	D1	D0	字节地址
SM0	SM1	SM2	REN	TB8	RB8	TI	RI	98H

　　（1）SM0，SM1：串行口工作方式选择位。各位的状态对应的方式功能如表 10-3 所示。

表 10-3　串行口工作方式选择位

SM0	SM1	方　式	功　能　说　明
0	0	0	同步移位寄存器方式（用于扩展 I/O 口）
0	1	1	8 位异步收发，波特率可变（由定时器控制）
1	0	2	9 位异步收发，波特率位 Fosc/64 或 Fosc/32
1	1	3	9 位异步收发，波特率可变（由定时器控制）

（2）SM2：多级通信控制位。在方式 2 和方式 3 中用于多机通信控制。在方式 2 和方式 3 的接收状态中，若 SM2 = 1，接收到第九位（RB8）为 0 时，舍弃接收到的数据，RI 清 0；RB8 为 1 时将接收到的数据送到接收 SBUF 中，将 RI 置 1，对于方式 1，接收到有效停止位时，激活 RI；对于方式 0，SM2 应置 0。

（3）REN：允许接收位。

REN = 1 时允许接收，REN 由指令置位或复位；

REN = 0 禁止串行口接收数据。

（4）TB8：第 9 位发送的数据，多机通信时（方式 2、方式 3）TB8 标明主机发送的是地址还是数据，TB8 = 0 为数据，TB8 = 1 为地址。TB8 由指令置位或复位。

（5）RB8：接收到的第 9 位数据。工作在方式 2 和方式 3 时，RB8 存放接收到的第 9 位数据。在方式 1，如果 SM2 = 0，RB8 接收到的是停止位。在方式 0，不使用 RB8。

（6）TI：发送中断标志位。串行口工作在方式 0 时，串行发送第 8 位数据结束时由硬件置 1，在其他工作方式时，串行口发送停止位的开始时置 1。TI = 1，表示一帧数据发送结束，可供软件查询，也可申请中断。CPU 响应中断后，在服务程序中向 SBUF 写入要发送的下一帧数据。TI 必须由软件清 0。

（7）RI：接收中断标志位。串行口工作在方式 0 时，接收完第 8 位数据时，RI 由硬件置 1，在其他工作方式时，串行口接收到停止位时，该位置 1。RI = 1 表示一帧数据接收完毕，并申请中断，要求 CPU 从接收 SBUF 取走数据。该位的状态也可供软件查询。RI 必须由软件清 0。

SCON 的所有位都可以进行位操作清 0 或置 1。

10.4.2.2　TCON 定时器/计数器控制寄存器

定时器/计数器控制寄存器各标志位见表 10-4。

表 10-4　定时器/计数器控制寄存器各标志位

D7	D6	D5	D4	D3	D2	D1	D0	字节地址
TF1	TR1	TF0	TR0	IE1	IT1	IE0	IT0	88H

（1）IT0：选择外部中断请求 0 为边沿触发方式还是电平触发方式。

IT0 = 0 为电平触发方式，加到引脚/INT0 上的外部中断请求输入信号为低电平有效。

IT0 = 1 为边沿触发方式，加到引脚/INT0 上面的外部中断请求输入信号电平从高到低的负跳变有效。

INT0 可以由软件置 1 或清 0。

（2）IE0：外部中断请求 0 的中断请求标志位。

当 IT0 = 0，为电平触发方式，CPU 在每个机器周期采样/INT0 引脚若/INT0 引脚为低电平，则置 1 IE0，说明有中断请求，否则清 0 IE0。

当 IT0 = 1，即外部中断请求 0 设置为边沿触发方式时，当第一个机器周期采样到/INT0 为低电平时，则置 1 IE0。IE0 = 1 表示外部中断 0 正向 CPU 请求中断。当 CPU 响应该中断，转向中断服务程序时，由硬件清 0 IE0。

（3）IT1：选择外部中断请求 1 为边沿触发方式还是电平触发方式，其意义与 IT0 类似。

（4）IE1：外部中断请求 1 的中断请求标志位，其意义与 IE0 类似。

（5）TF0：MCS-51 片内定时器/计数器 T0 溢出中断请求标志位。

当启动 T0 计数后，定时器/计数器 T0 从初值开始加 1 计数，当最高位产生溢出时，由硬件置 1 TF0，向 CPU 申请中断，CPU 响应 TF0 中断时，清 0 TF0，TF0 也可以由软件清 0。

（6）TF1：MCS-51 片内的定时器/计数器 T1 的溢出中断请求标志位，功能与 TF0 类似。

（7）TR1、TR0：计数运行控制位。

TR1（TR0）= 1，启动定时器/计数器工作。

TR1（TR0）= 0，停止定时器/计数器工作。

该位可由软件置 1 或清 0。

10.4.2.3　IE 中断允许控制寄存器

中断允许控制寄存器各标志位见表 10-5。

表 10-5　中断允许控制寄存器各标志位

D7	D6	D5	D4	D3	D2	D1	D0	字节地址
EA		ET2	ES	ET1	EX1	ET0	EX0	0A8H

（1）EA：中断允许总控制位。

EA = 0，CPU 屏蔽所有的中断请求（CPU 关中断）；

EA = 1，CPU 开放所有中断（CPU 开中断）。

（2）ES：串行口中断允许位。

ES = 0，禁止串行口中断；

ES = 1，允许串行口中断。

（3）ET2：定时器/计数器 T2 的溢出中断允许位。

ET2 = 0，禁止 T2 溢出中断；

ET2 = 1，允许 T2 溢出中断。

（4）ET1：定时器/计数器 T1 的溢出中断允许位。

ET1 = 0，禁止 T1 溢出中断；

ET1 = 1，允许 T1 溢出中断。

（5）EX1：外部中断 1 中断允许位。

EX1 = 0，禁止外部中断 1 中断；

EX1 = 1，允许外部中断 1 中断。

（6）ET0：定时器/计数器 T0 的溢出中断允许位。

ET0 = 0，禁止 T0 溢出中断；

ET0 = 1，允许 T0 溢出中断。

（7）EX0：外部中断 0 中断允许位。

EX0 = 0，禁止外部中断 0 中断；

EX0 = 1，允许外部中断 0 中断。

MCS-51 复位以后，IE 被清 0，所有的中断请求被禁止。

10.4.2.4　IP 中断优先级控制器

中断优先级控制器各标志位见表 10-6。

表 10-6　中断优先级控制器各标志位

D7	D6	D5	D4	D3	D2	D1	D0	字节地址
		PT2	PS	PT1	PX1	PT0	PX0	0B8H

（1）PT2：定时器。T2 中断优先级控制位：PT2 = 1，定时器 T2 定义为高优先级中断；PT2 = 0，定时器 T2 定义为低优先级中断。

（2）PS：串行口中断优先级控制位：PS = 1，串行口定义为高优先级中断：PS = 0，串行口定义为低优先级中断。

（3）PT1：定时器 T1 中断优先级控制位：PT1 = 1，定时器 T1 定义为高优先级中断；PT1 = 0，定时器 T1 定义为低优先级中断。

（4）PX1：外部中断 1 中断优先级控制位：PX1 = 1，外部中断 1 定义为高优先级中断；PX1 = 0，外部中断 1 定义为低优先级中断。

（5）PT0：定时器 T0 中断优先级控制位：PT0 = 1，定时器 T0 定义为高优先级中断；PT0 = 0，定时器 T0 定义为低优先级中断。

（6）PX0：外部中断 0 中断优先级控制位：PX0 = 1，外部中断 0 定义为高优先级中断；PX0 = 0，外部中断 0 定义为低优先级中断。

注意：MCS-51 复位以后，IP 的内容为 0，各个中断源均为低优先级中断。

10.5　动 动 手

（1）修改程序让 P3.3 控制南北方向的急停，而 P3.4 控制东西方向的急停。

（2）跟同学进行讨论，如何实现内部控制中断？请利用内部中断来控制交通灯的急停。

附录 单片机常用指令

类 别	汇 编 指 令		指 令 说 明	字节数	周期数
	助记符	操作数			
数据传递类指令	MOV	A，Rn	寄存器传送到累加器	1	1
	MOV	A，direct	直接地址传送到累加器	2	1
	MOV	A，@Ri	累加器传送到外部 RAM（8 地址）	1	1
	MOV	A，#data	立即数传送到累加器	2	1
	MOV	Rn，A	累加器传送到寄存器	1	1
	MOV	Rn，direct	直接地址传送到寄存器	2	2
	MOV	Rn，#data	累加器传送到直接地址	2	1
	MOV	direct，Rn	寄存器传送到直接地址	2	1
	MOV	direct，direct	直接地址传送到直接地址	3	2
	MOV	direct，A	累加器传送到直接地址	2	1
	MOV	direct，@Ri	间接 RAM 传送到直接地址	2	2
	MOV	direct，#data	立即数传送到直接地址	3	2
	MOV	@Ri，A	直接地址传送到直接地址	1	2
	MOV	@Ri，direct	直接地址传送到间接 RAM	2	1
	MOV	@Ri，#data	立即数传送到间接 RAM	2	2
	MOV	DPTR，#data16	16 位常数加载到数据指针	3	2
	MOVC	A，@A + DPTR	代码字节传送到累加器	1	2
	MOVC	A，@A + PC	代码字节传送到累加器	1	2
	MOVX	A，@Ri	外部 RAM（8 地址）传送到累加器	1	2
	MOVX	A，@DPTR	外部 RAM（16 地址）传送到累加器	1	2
	MOVX	@Ri，A	累加器传送到外部 RAM（8 地址）	1	2
	MOVX	@DPTR，A	累加器传送到外部 RAM（16 地址）	1	2
	PUSH	direct	直接地址压入堆栈	2	2
	POP	direct	直接地址弹出堆栈	2	2
	XCH	A，Rn	寄存器和累加器交换	1	1
	XCH	A，direct	直接地址和累加器交换	2	1
	XCH	A，@Ri	间接 RAM 和累加器交换	1	1
	XCHD	A，@Ri	间接 RAM 和累加器交换低 4 位字节	1	1
	SWAP	A	累加器 A 高 4 位与低 4 位对调	1	1
算术运算类指令	INC	A	累加器加 1	1	1
	INC	Rn	寄存器加 1	1	1
	INC	direct	直接地址加 1	2	1

类　别	汇 编 指 令		指 令 说 明	字节数	周期数
	助记符	操作数			
算术运算类 指令	INC	@Ri	间接 RAM 加 1	1	1
	INC	DPTR	数据指针加 1	1	2
	DEC	A	累加器减 1	1	1
	DEC	Rn	寄存器减 1	1	1
	DEC	direct	直接地址减 1	2	2
	DEC	@Ri	间接 RAM 减 1	1	1
	MUL	AB	累加器和 B 寄存器相乘	1	4
	DIV	AB	累加器除以 B 寄存器	1	4
	DA	A	累加器十进制调整	1	1
	ADD	A, Rn	寄存器与累加器求和	1	1
	ADD	A, direct	直接地址与累加器求和	2	1
	ADD	A, @Ri	间接 RAM 与累加器求和	1	1
	ADD	A, #data	立即数与累加器求和	2	1
	ADDC	A, Rn	寄存器与累加器求和（带进位）	1	1
	ADDC	A, direct	直接地址与累加器求和（带进位）	2	1
	ADDC	A, @Ri	间接 RAM 与累加器求和（带进位）	1	1
	ADDC	A, #data	立即数与累加器求和（带进位）	2	1
	SUBB	A, Rn	累加器减去寄存器（带借位）	1	1
	SUBB	A, direct	累加器减去直接地址（带借位）	2	1
	SUBB	A, @Ri	累加器减去间接 RAM（带借位）	1	1
	SUBB	A, #data	累加器减去立即数（带借位）	2	1
逻辑运算类 指令	ANL	A, Rn	寄存器"与"到累加器	1	1
	ANL	A, direct	直接地址"与"到累加器	2	1
	ANL	A, @Ri	间接 RAM "与"到累加器	1	1
	ANL	A, #data	立即数"与"到累加器	2	1
	ANL	direct, A	累加器"与"到直接地址	2	1
	ANL	direct, #data	立即数"与"到直接地址	3	2
	ORL	A, Rn	寄存器"或"到累加器	1	2
	ORL	A, direct	直接地址"或"到累加器	2	1
	ORL	A, @Ri	间接 RAM "或"到累加器	1	1
	ORL	A, #data	立即数"或"到累加器	2	1
	ORL	direct, A	累加器"或"到直接地址	2	1
	ORL	direct, #data	立即数"或"到直接地址	3	2
	XRL	A, Rn	寄存器"异或"到累加器	1	2
	XRL	A, direct	直接地址"异或"到累加器	2	1
	XRL	A, @Ri	间接 RAM "异或"到累加器	1	1
	XRL	A, #data	立即数"异或"到累加器	2	1
	XRL	direct, A	累加器"异或"到直接地址	2	1
	XRL	direct, #data	立即数"异或"到直接地址	3	2

类 别	汇 编 指 令		指 令 说 明	字节数	周期数
	助记符	操作数			
控制转移类指令	CLR	A	累加器清零	1	2
	CPL	A	累加器求反	1	1
	RL	A	累加器循环左移	1	1
	RLC	A	带进位累加器循环左移	1	1
	RR	A	累加器循环右移	1	1
	RRC	A	带进位累加器循环右移	1	1
	SWAP	A	累加器高、低4位交换	1	1
	JMP	@ A + DPTR	相对DPTR的无条件间接转移	1	2
	JZ	rel	累加器为0则转移	2	2
	JNZ	rel	累加器为1则转移	2	2
	CJNE	A, direct, rel	比较直接地址和累加器，不相等转移	3	2
	CJNE	A, #data, rel	比较立即数和累加器，不相等转移	3	2
	CJNE	Rn, #data, rel	比较寄存器和立即数，不相等转移	2	2
	CJNE	@ Ri, #data, rel	比较立即数和间接RAM，不相等转移	3	2
	DJNZ	Rn, rel	寄存器减1，不为0则转移	3	2
	DJNZ	direct, rel	直接地址减1，不为0则转移	3	2
	NOP		空操作，用于短暂延时	1	1
	ACALL	add11	绝对调用子程序	2	2
	LCALL	add16	长调用子程序	3	2
	RET		从子程序返回	1	2
	RETI		从中断服务子程序返回	1	2
	AJMP	add11	无条件绝对转移	2	2
	LJMP	add16	无条件长转移	3	2
	SJMP	rel	无条件相对转移	2	2
	CLR	C	清进位位	1	1
	CLR	bit	清直接寻址位	2	1
	SETB	C	置位进位位	1	1
	SETB	bit	置位直接寻址位	2	1
	CPL	C	取反进位位	1	1
	CPL	bit	取反直接寻址位	2	1
布尔操作类指令	ANL	C, bit	直接寻址位"与"到进位位	2	2
	ANL	C, /bit	直接寻址位的反码"与"到进位位	2	2
	ORL	C, bit	直接寻址位"或"到进位位	2	2
	ORL	C, /bit	直接寻址位的反码"或"到进位位	2	2
	MOV	C, bit	直接寻址位传送到进位位	2	1
	MOV	bit, C	进位位位传送到直接寻址	2	2
	JC	rel	如果进位位为1则转移	2	2
	JNC	rel	如果进位位为0则转移	2	2
	JB	bit, rel	如果直接寻址位为1则转移	3	2
	JNB	bit, rel	如果直接寻址位为0则转移	3	2
	JBC	bit, rel	直接寻址位为1则转移并清除该位	2	2

附表 2　伪指令

指　令	说　　明
ORG	指明程序的开始位置
DB	定义数据表
DW	定义 16 位的地址表
EQU	给一个表达式或一个字符串起名
DATA	给一个 8 位的内部 RAM 起名
XDATA	给一个 8 位的外部 RAM 起名
BIT	给一个可位寻址的位单元起名
END	指出源程序到此为止

附表3　常用符号标识

符　号　标　识	说　　明
Rn	工作寄存器 R0 ~ R7 (n = 0 ~ 7)
Ri	工作寄存器 R0 和 R1 (i = 0,1)
#data8	8 位立即数
#data16	16 位立即数
addr16	16 位目标地址，能转移或调用到 64KROM 的任何地方
addr11	11 位目标地址，在下条指令的 2K 范围内转移或调用
rel	8 位偏移量，用于 SJMP 和所有条件转移指令，范围 −128 ~ +127
bit	片内 RAM 或专用寄存器中的直接寻址位
direct	直接地址，范围片内 RAM 单元（00H ~ 7FH）和 80H ~ FFH
$	指本条指令的起始位置
DPTR	数据指针，可用作 16 位地址寄存器
A	累加器
B	专用寄存器，用于乘法和除法指令中
C	进位标志或进位位，或布尔处理机中的累加器
@	间址寄存器或基址寄存器的前缀，如 @ Ri，@ DPTR
/	位操作数的前缀，表示对该位数操作取反，如 /bit（ORL C，/bit）
(×)	× 中的内容
((×))	由 × 寻址的单元中的内容
←	指令中数据的传送方向，将箭头右边的内容传送到箭头左边单元

冶金工业出版社部分图书推荐

书　名	作　者	定价(元)
80C51 单片机原理与应用技术	吴炳胜　等编著	32.00
单片机实验与应用设计教程(第 2 版)	邓　红　等编著	35.00
单片机应用技术实例	邓　红　曾　屹　著	29.00
单片机原理及应用	雷　娟　主编	33.00
电工与电子技术(第 2 版)	荣西林　肖　军　主编	49.00
电力电子变流技术	曲永印　主编	28.00
电力电子技术	杨卫国　肖　冬　编著	36.00
电力系统微机保护(第 2 版)	张明君　林　敏　编著	33.00
电路分析基础简明教程	刘志刚　张宏翔　主编	29.00
电路理论(第 2 版)	王安娜　贺立红　主编	36.00
电气传动控制技术	钱晓龙　闫士杰　主编	28.00
电气控制及 PLC 原理与应用	吴红霞　刘　洋　主编	32.00
电子技术实验	郝国法　梁柏华　编著	30.00
电子技术实验实习教程	杨立功　主编	29.00
工厂电气控制技术	刘　玉　主编	27.00
工厂电气控制设备	赵秉衡　主编	20.00
工厂系统节电与节电工程	周梦公　编著	59.00
工程制图与 CAD	刘　树　主编	33.00
工程制图与 CAD 习题集	刘　树　主编	29.00
工业企业供电(第 2 版)	周　瀛　李鸿儒　主编	28.00
数字电子技术	谭文辉　李　达　主编	39.00
数字电子技术基础教程	刘志刚　陈小军　主编	23.00
维修电工技能实训教程	周辉林　主编	21.00
无线供电技术	邓亚峰　著	32.00
冶金过程控制基础及应用	钟良才　祭　程　编著	33.00